FENDT
VARIO

Agco/Fendt

Verlag Podszun-Motorbücher GmbH
Elisabethstraße 23-25, D-59929 Brilon
Herstellung: LUC Medienhaus, Greven
Internet: www.podszun-verlag.de
Email: info@podszun-verlag.de

Umschlagfoto: Jonas Liebig

ISBN 978-3-7516-1033-9

Udo Bols

FENDT VARIO Traktoren

Dank + Quellen

Vielen Dank

für die Überlassung von Abbildungen gilt der Agco GmbH und den Fotografen Oliver Aust, Emanuel Bayer, Christoph Ernst, Marc Fischer, Manfred Hierhager, Ben Jüngst, Frank Juszczak, Michel Kaiser, Jürgen Laspe, Jonas Liebig, Tobias Liebig, Udo Paulitz, Michael Schauer, Jörg Sprengl, Marc Trappe und Günther Uhl.

Quellen

Peter Schneider: Typenkompass Fendt
Schlepper und Traktoren seit 1974
Motorbuch Verlag Stuttgart

Klaus Hermann: Die Fendt Chronik
Vom Dieselross zum Vario
Eugen Ulmer Verlag, Stuttgart

Oliver Aust: Fendt Traktoren im Einsatz
Verlag Podszun Motorbücher, Brilon

agrarheute.com
electricnet.com
landtechnikmagazin.de
wikipedia.org/wikibooks.org

Inhalt

Agco/Fendt

Das Fendt Vario Getriebe

Auf der Agritechnica 1995 in Hannover wartet Fendt mit einer Sensation auf: das 260 PS starke Spitzenmodell Favorit 926 ist mit „Vario“ ausgestattet, einem stufenlosen Getriebe mit Leistungsverzweigung. „Da staunte die Fachwelt und die Landwirte wunderten sich“ schreibt Klaus Herrmann in seiner Fendt Chronik und Fendt selbst formuliert: „Stufenloses ruckfreies Anfahren, optimale Anpassung an jegliche Einsatzbedingungen, keine Schaltvorgänge mehr, automatisierte Bedienung, bis zu zehn Prozent mehr Flächenleistung bei optimalem Kraftstoffverbrauch, Zeit- und Kostenersparnis.“

Der Fendt Favorit 926 Vario geht 1996 in die Produktion und er ist in der Tat der erste Traktor weltweit mit stufenlosem, variablem Fahrantrieb. Ein Fahren ohne zu schalten, auch unter Last, hatte es bis dahin noch in keinem Traktor gegeben. Der Vario revolutioniert damit die Landtechnik. Er vereint erstmals den Wirkungsgrad eines Lastschaltgetriebes mit den Vorteilen eines stufenlosen Antriebs. Hinzu kommt, dass sich durch den Einsatz der Vario Technik der Dieselverbrauch um rund zehn Prozent reduziert. Fendt bedient zukunftsweisend die wachsenden Anforderungen landwirtschaftlicher Lohnunternehmen und Großbetriebe.

Fendt beginnt bereits in den 1960er Jahren mit Experimenten an einem stufenlosen Antrieb. Aber es

Agco/Fendt

1995: ML 200 (Fendt Favorit 926 Vario)

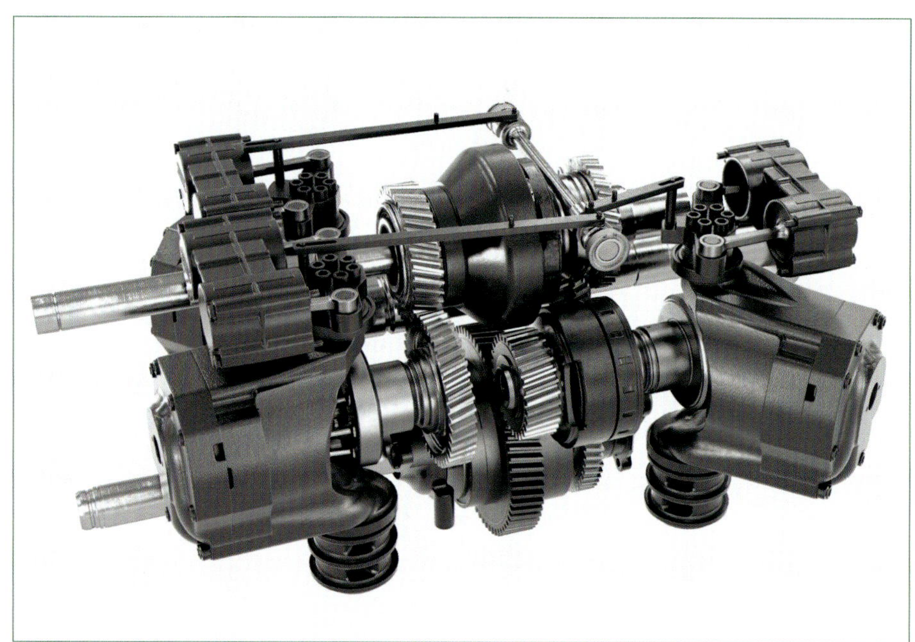

Agco/Fendt

2015: Fendt VarioDrive (Fendt 1000 Vario)

Manfred Hierhager

Erster Traktor mit stufenlosem Getriebe: Fendt Favorit 926 Vario. Gut erkennen lassen sich die ersten Varios an ihrer noch …

Jonas Liebig

… eckigen Motorhaube. Der Motor ist ein MAN-6-Zylinder mit knapp 6,9 l Hubraum und 260 PS Leistung

braucht noch Jahrzehnte an Forschungs- und Entwicklungsarbeit, bevor das stufenlose Getriebe der Öffentlichkeit vorgestellt werden kann. Eine besonders hohe Hürde ist die Abstimmung von Motor und Getriebe, das muss unzählige Male getestet werden, bevor die Ingenieure von Fendt mit dem Ergebnis zufrieden sind.

Zu Beginn der 1990er Jahre ist die Fahrzeugelektronik zwar noch nicht weit entwickelt, aber es ist absehbar, dass die mechanische Steuerung und Bedienung bald von einer elektronischen abgelöst werden wird. Die Funktionen des klassischen Schalthebels übernimmt der weitaus bedienerfreundlichere Fahrhebel, heute der Multifunktions-Joystick. Beim Variogetriebe wird der Fahrbereich per Knopfdruck vorgewählt. Dazu gibt es zwei Bereiche: Der Bereich I, zum Beispiel für Feldarbeit, reicht von 0 bis 32 km/h vorwärts und von 0 bis 20 km/h rückwärts. Der Bereich II, zum Beispiel für Straßenfahrten, reicht von 0 bis 50 km/h vorwärts und von 0 bis 40 km/h rückwärts. Nach Betätigung der Aktivierungstaste drückt man zum Beschleunigen den Fahrhebel nach vorn und zum Entschleunigen bis zum Stillstand wieder nach hinten, um dann auch rückwärts beschleunigen zu können. Vorwärts- und Rückwärtsgeschwindigkeiten sind speicherbar. Mittels Tasten ist eine Feinsteuerung möglich. Die Fahrtrichtung kann automatisch geändert werden, wenn der Fahrhebel links beziehungsweise rechts angetippt wird. Die Tempomatfunktion wird mittels Knopfdruck geregelt.

Dann ist es so weit: Die Prüfstelle der DLG wird von Fendt gebeten, unter Teilnahme von Fachjournalisten den Wirkungsgrad des leistungsverzweigten Variogetriebes zu messen. Das Urteil: „Höhere Verluste sind mit dem stufenlosen Vario Getriebe kein Thema, der Wirkungsgrad ist sehr gut." Und auch Landwirte beurteilen nach ausgiebigen Transportfahrten und Arbeiten auf dem Feld den Bedienungskomfort und die Produktivität als sehr gut. Nun steht der Präsentation des Fendt Favorit 926 Vario nichts mehr im Weg. Und die gelingt: Die neue Vario Technik unterstreicht den Anspruch von Fendt, in der Traktortechnologie an der Spitze zu sein. Auch der rechenbare Erfolg bleibt nicht aus: Die Verkaufszahlen steigen, im Jahr 1996 erreicht Fendt erstmals einen Umsatz von über einer Milliarde DM.

Fendt belässt es nicht beim 926. In rascher Folge kommen Traktoren aller Leistungsbereiche mit der Vario Technik auf den Markt. Inzwischen sind neun Baureihen entstanden: Vom kleinsten Schmalspurtraktor der Baureihe 200, der immerhin schon mit 79 bis 124 PS geliefert wird, bis zum Großtraktor der Baureihe 1100, der mit 511 bis 673 PS auf den Feldern der Welt unterwegs ist.

Im Jahr 2016, nach 20 Jahren Vario und 250.000 gebauten Variogetrieben resümiert der Vorsitzende der Fendt Geschäftsführung, Peter-Josef Pfaffen: „Das stufenlose Variogetriebe ist für uns die einzig richtige Getriebelösung. Wir haben uns damals bewusst für diese neuartige Technologie entschieden und sie dann ganz konsequent für alle Baureihen und Leistungsbereiche umgesetzt. Wir beherrschen diese Technologie in allen Leistungsbereichen von 50 bis 500 PS. Für alle Anwendungen in der Landwirtschaft können die Kunden immer im richtigen Geschwindigkeitsbereich kompromisslos ihre Arbeit

Agco/Fendt

Zur Feier des 250.000sten Variogetriebes legt die Geschäftsführung selbst Hand an: (v.l.) Michael Gschwender, (Geschäftsführer IT und Finanzen), Peter-Josef Paffen (Vorsitzender der Geschäftsführung) und Ekkehart Gläser (Geschäftsführer Produktion)

erledigen. Dazu gibt es für uns keine Alternative."

250.000 Variogetriebe zeugen auch von der überragenden Qualität der Fendt Getriebefertigung in Marktoberdorf. 880 Mitarbeitende setzen in der Montage ihre Leistung für den Bau der Einheit aus Getriebe und Hinterachse ein. Fendt verlässt sich im Getriebebau ausschließlich auf die eigenen Kompetenzen und seine jahrzehntelange Erfahrung in der Serienproduktion stufenloser Getriebe. Aus vielen Tonnen Guss und Stahl, die täglich bei Fendt angeliefert werden, wird jedes Bauteil des Getriebes, ob Zahnräder, Wellen oder Gehäuse, selbst gefertigt. Von der Teileherstellung bis zur Montage bündeln sich alle Abläufe in einer Abteilung. Rund 100 Getriebe werden pro Tag produziert, alle sechs Minuten rollt ein Antrieb vom Band. Jedes Bauteil und auch das Gesamtwerk unterliegen vielfachen Qualitätskontrollen.

Kurz nach dem Start des Vario übernimmt der amerikanische Landmaschinenkonzern Agco aus Atlanta den Fendt-Konzern. Das Bundeskartellamt genehmigt 1997 den Deal: Agco übernimmt komplett den größten deutschen Traktorhersteller, die Xaver Fendt Gmbh & Co aus Marktoberdorf im Allgäu. Der Preis wird auf 450 Millionen DM beziffert. Zum Agco Konzern gehören damals bereits 13 Landmaschinen-Marken, darunter der Traktor Weltmarktführer Massey Ferguson. Agco kündigt mit der Fendt Übernahme eine Ausweitung des Fendt Vertriebsnetzes an: Fendt soll auf den Märkten der ganzen Welt erhältlich sein.

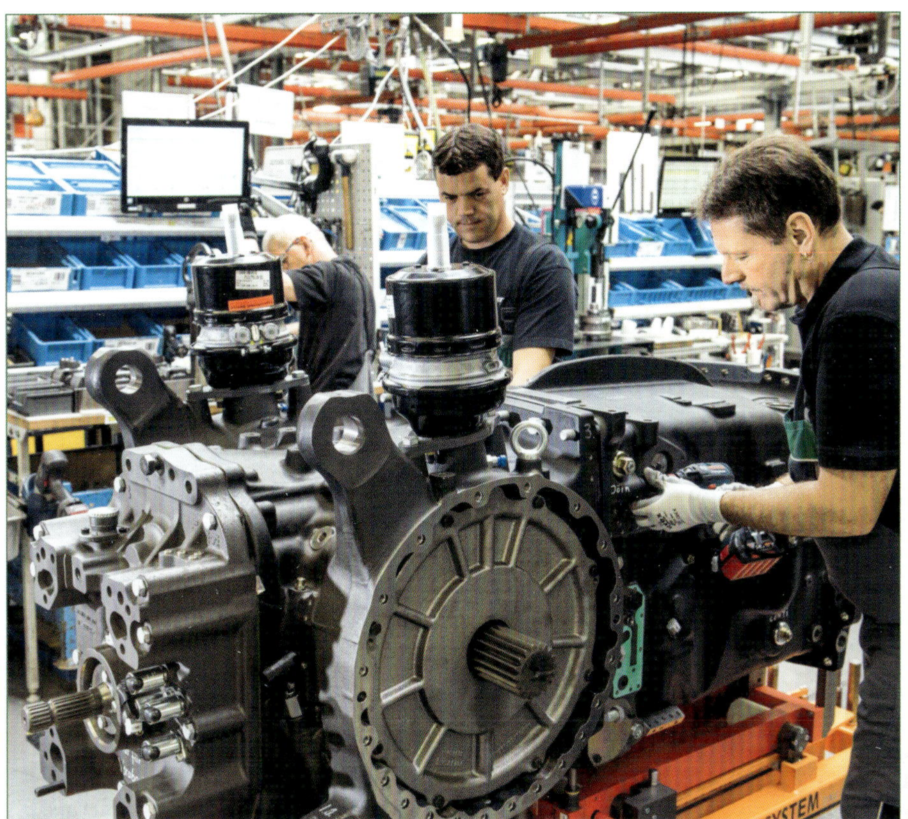
Agco/Fendt

Montage: Für die Fertigung der Variogetriebe sind 880 Mitarbeitende zuständig

Agco/Fendt

Durchsicht: Das Variogetriebe im Fendt 942 Vario

FENDT 200 VARIO

	207	208	209	210	211
	Bauzeit seit 2009 I Daten der aktuellen Modelle				
Motor	Agco-SiSu-Power	Agco-SiSu-Power	Agco-SiSu-Power	Agco-SiSu-Power	Agco-SiSu-Power
Hubraum	3300 cm^3	3300 cm^3	3300 cm^3	3300 cm^3	3300 cm^3
Zylinder	3	3	3	3	3
Leistung	79 PS	84 PS	94 PS	104 PS	114 PS
Gewicht	4100 kg	4100 kg	4220 kg	4220 kg	4280 kg
L/B/H (mm)	4119/1970/2570	4119/2170/2570	4119/2170/2620	4119/2170/2620	4119/2186/2620
Radstand	2370 mm	2370 mm	2370 mm	2370 mm	2370 mm
Bodenfreiheit	475 mm	475 mm	475 mm	475 mm	475 mm
Bereifung	v: 320/70R24 h: 420/85R30	v: 320/70R24 h: 480/70R30	v: 320/70R24 h: 480/70R34	v: 320/70R24 h: 480/70R34	v: 440/65R24 h: 540/65R34
Spurweite	v: 1500 mm h: 1510 mm	v: 1500 mm h: 1655 mm	v: 1690 mm h: 1660 mm	v: 1690 mm h: 1660 m	v: 1690 mm h: 1660 mm

Agco/Fendt

Fendt 209 Vario noch mit dem kleinen Dachfenster, im Schlepp ein Amazone Düngerstreuer

Die kleinste, die 200er Baureihe, wird 2009 auf der SIMA in Paris vorgestellt. Erstmalig kommt also bei Kompakttraktoren das Variogetriebe zum Einbau. Leicht ist die Aufgabe für die Ingenieure von Fendt nicht, die Variotechnik der Großtraktoren so zu gestalten, dass sie auch voll funktionsfähig in die verhältnismäßig kleine 200er Baureihe eingebaut werden kann. So wird das neu entwickelte Variogetriebe ML 70 speziell an die geringe Baugröße angepasst.

Der „Kleine“ zeigt seine Größe überall dort, wo es eng zugeht. Mit dem kurzen Radstand und dem Lenkeinschlag von bis zu 52 Grad hat er einen Wenderadius von unter vier Metern. Schnell ist er auch, er erreicht bis zu 40 km/h.

Aus fünf Dreizylindertypen kann sich der Kunde den für ihn passenden auswählen: Von 60 bis 100 PS, später von 79 bis 114 PS. Die wassergekühlten Motoren, die extra für die 200er Baureihe neu entwickelt werden, liefert der finnische Hersteller SiSu, ebenfalls ein Unternehmen von Agco. Die Motoren entsprechen den neuesten Abgasbestimmungen. Ab 2017 verfügen die 200er über die Abgasstufe 3b (Tier 4 Interim).

Die Kabine ist mit viel Komfort ausgestattet, hat eine leistungsstarke Heizung und kann auf Wunsch mit einer Klimaanlage geliefert werden. Der Kabinenboden ist jetzt eben, weil die Antriebskomponenten des Vario-Getriebes weitgehend in das Hinterachsgehäuse integriert werden. Und durch den Wegfall des Getriebetunnels sind die Pedale ergonomischer angeordnet.

Agco/Fendt

Fendt 211 Vario mit Allrad und Frontgewicht beim Pflügen

Agco/Fendt

Fendt 209 Vario mit Schneepflug von Springer Kommunaltechnik aus Österreich

Agco/Fendt

Die neue Kabine des Fendt 200 Vario mit dem größeren Dachfenster. **1** = Zentraler Dreh-Drücksteller zur Steuerung aller Anzeigen, vier Schnellzugriffstasten für Zurück, Launchpad, Übersicht, Individual Operation Manager (IOM) und den Wechsel zwischen Terminal und Dashboard. **2** = 12" Terminal, schwenkbar mit Touch- und Dreh-Drücksteller-Bedienung. **3** = Der neue Multifunktions-Joystick enthält neben der vertrauten Kleeblatt-Bedienung zwei Bedienelemente für die proportionale Ventilsteuerung sowie vier frei belegbare, weiße Tastenfelder. **4** = Drucktasten für Getriebe- und Fahrfunktionen, dazu gehören zwei Motordrehzahlspeicher, zwei Tempomaten sowie eine neue aktive Tempomateinstellung per Drehrad. **5** = Kreuzschalthebel für Steuerung ohne Umgreifen von zwei Steuerventilen. Der optionale dritte und vierte Hydraulikkreis ist für das Arbeiten mit Gerätefunktionen. Die werden über Drucktasten am Kreuzschalthebel aktiviert und gesteuert. **6** = Zentrales digitales Dashboard zur Einstellung der Funktionsgruppen. Links und rechts stehen zur permanenten Übersicht die Informationen für Straßenfahrt.

Agco/Fendt

Die 200er Baureihe verfügt jetzt auch über das Traktor-Management-System (TMS), das bei den größeren Baureihen bereits seit längerem erfolgreich eingesetzt wird. TMS übernimmt die Steuerung von Motor und Getriebe, wobei mit dem Fahrpedal die Geschwindigkeit gewählt wird. Das bedeutet eine enorme Erleichterung für den Fahrer, der gibt nur noch die gewünschte Geschwindigkeit vor, den Rest regelt TMS. Außerdem sind mit TMS Kraftstoffeinsparungen bis zu zehn Prozent drin, sagt Fendt.

Mehr als zehn Jahre nach ihrer Einführung wird die Baureihe Fendt 200 Vario komplett überarbeitet. Das Design der Großtraktoren wird auf die kleinste Baureihe übertragen. Gemeinsam mit der neuen Kabine gehört jetzt auch FendtONE zur Serienausstattung. Und mit dem Mehrleistungskonzept Dynamic Performance erreicht der Fendt 211 Vario maximal 124 PS. Alle Modelle sind in den Ausstattungsvarianten Power, Profi und Profi+ erhältlich.

Der 3-Zylinder 3,3 l Motor erfüllt die Abgasnorm Stufe V mit einem Dieseloxidationskatalysator (DOC), Dieselpartikelfilter (DPF) und mit selektiver katalytischer Reduktion (SCR) aber ohne Abgasrückführung. Zusätzlich werden wartungsfreie Hydrostößel im Motor verbaut. Der Visctronic-Lüfter wird elektronisch entsprechend der benötigten Kühlleistung gesteuert, was den Kraftstoffverbrauch senkt.

Die geräumige und übersichtliche Kabine des Fendt 200 Vario ist höher als beim Vorgänger und bietet mehr Kopffreiheit. Die neue Bedienkonsole mit dem Multifunk-

Manfred Hierhager

Fendt 209 Vario (oben) und Fendt 211 Vario (unten) bei der Feldarbeit

Agco/Fendt

Jonas Liebig

Mit großem „Gepäck“: Der Fendt 211 Vario hat Feierabend

Agco/Fendt

Der Fendt 211 Vario zieht die Linien mit einer Kartoffelfräse

tions-Joystick ermöglicht eine komfortable Maschinenbedienung. Für Getränke und Butterbrote gibt es ein Kühlfach und für den Winterdienst die neue Fußraumheizung. Durch das neue Design des Dachfensters wird die Sicht auf den Frontlader verbessert, weil der Querholm zwischen Frontscheibe und Dachfenster schmaler gestaltet und das Sichtfenster vergrößert ist. Bei Frontladerarbeiten in der Höhe ist das natürlich sehr hilfreich.

Optional gibt es eine entlastende Regelung für den Frontkraftheber. Damit kann der Auflagedruck über das Terminal stufenlos eingestellt werden, sorgt für optimale Bodenanpassung und reduziert die Futterverschmutzung bei Mäharbeiten in unebenem Gelände.

Die Einführung des Bedienkonzepts FendtONE ist eine zentrale Neuerung bei der neuen Generation der 200er Baureihe. Durch die Funktionen in FendtONE onboard und offboard können Maschinen- und Personaleinsätze besser geplant, organisiert und dokumentiert werden. So werden Auftragsberichte in FendtONE direkt von der Maschine an den Computer oder an das Tablet des Betriebsleiters übertragen und die Ausbringung von Dünger, Pflanzenschutz und Saatgut in Echtzeit dokumentiert. Auch Maschineninformationen wie der Verbrauch, die Auslastungen der Maschinen und die Arbeitszeit werden aufgenommen. Dies hilft, die Maschinen optimal auszulasten und Aufträge effizient zu planen. Langfristig reduziert eine effiziente Planung den Verbrauch von Kraftstoff und Betriebsmitteln.

Manfred Hierhager

Fendt 210 Vario: Mit Allrad und bis zu 40 km/h Geschwindigkeit auch als Zugmaschine relevant

Agco/Fendt

Komfort-Kabine mit 100 Grad Überblick: Fendt 211 Vario mit Mähkombinationen im Front- und Heckanbau

Schmalspurtraktoren | Daten der aktuellen Modelle

	207 V/F	208 V/F	209 V/F/P	210 V/F/P	211 V/F/P
Motor	Agco-SiSu-Power	Agco-SiSu-Power	Agco-SiSu-Power	Agco-SiSu-Power	Agco-SiSu-Power
Hubraum	3300 cm^3	3300 cm^3	3300 cm^3	3300 cm^3	3300 cm^3
Zylinder	3	3	3	3	3
Leistung	79 PS	84 PS	94 PS	104 PS	114 PS
Gewicht	3060/3140 kg	2860/3140 kg	3080/3140/3360	3080/3140/3360	3090/3140/3380
Länge (mm)	3170	3170	3170	3170	3170
Breite (mm)	1070/1367	1151/1367	1151/1367/1680	1151/1367/1680	1217/1367/1720
Höhe (mm)	2310/2470	2400/2470	2400/2470/2500	2400/2470/2500	2400/2470/2500
Radstand	2290 mm	2290 mm	2290 mm	2290mm	2290 mm
Bodenfreiheit	266/323 mm	266/323 mm	266/323/318 mm	266/323/318 mm	266/323/318 mm
Spurweite v.	794/1064 mm	852/1064 mm	852/1064/1212	852/1064/1212	852/1064/1212
Spurweite h.	777/1000 mm	831/1000 mm	831/1000/1288	831/1000/1288	857/1000/1288

Manfred Hierhager

Auch die Schmalspurtraktoren haben 2009 auf der SIMA, die alle zwei Jahre in Paris stattfindet, mit dem Variogetriebe Premiere. Es gibt drei Versionen: Den schmalen Weinbautraktor V, den mittelbreiten Spezialtraktor F und den breiteren Spezialtraktor P. Das „V" steht für Vino (Weinbau) das „F" für Fruit (Obst- und Gemüsebau) und das „P" für Plantagen. Der Fendt 200 V Vario ist der klassische Schmalspurtraktor mit 1070 mm Außenbreite. Er ist wahlweise mit breiter Vorderachse lieferbar für mehr Wendigkeit. Der Fendt 200 F Vario hat 1367 mm Außenbreite und bietet bereits den Komfort der 14 cm breiteren Kabine. Der Fendt 200 P Vario ist ein Spezialtraktor mit breiteren Achsen und höheren Hubkräften ab 1,59 m.

Auch diese Spezialtraktoren V/F/P werden mit dem FendtONE Fahrerplatz ausgestattet, der für eine intuitive Bedienung über das digitale Dashboard und die Bedienkonsole sorgt. Neu ist die Hightech-Hydraulik mit bis zu sieben Ventilen + Frontkraftheber, Power Beyond und bis zu 119 l/min Fördermenge. Die Kabine ist optional mit Kat. 4 Filterschutzsystem erhältlich. Drei Möglichkeiten mit Front-, Zwischenachs- und Heckanbau bieten wirtschaftliche Kombinationen. Drei Ausstattungsvarianten sind lieferbar: Power, Profi und Profi+. Außerdem gibt es die Fendt DynamicPerformance, den Heckkraftheber mit entlastender Regelung (V/F) und die Vorderachsfederung mit Wankabstützung für bis zu sieben Prozent mehr Flächenleistung, Komfort und Sicherheit.

Agco/Fendt

Schmalspurschlepper Fendt 209 V Vario mit Kreiselegge/Sämaschine von Braun und unten zusätzlich mit Zwischenachsanbau im Weinbau

Agco/Fendt

Manfred Hierhager

Fendt 210 P Vario mit 104 PS und Allradantrieb bei der Arbeit im Hopfenbau

Manfred Hierhager

Agco/Fendt

Fendt 210 F Vario mit Überzeilenspritze im Weinbau, unten bei der Apfelernte

Agco/Fendt

FENDT 300 VARIO

	309	310	311	312
	Erste Generation: 2006 bis 2012			
Motor	Deutz TCD 2012	Deutz TCD 2012	Deutz TCD 2012	Deutz TCD 2012
Hubraum	4038 cm³	4038 cm³	4038 cm³	4038 cm³
Zylinder	4	4	4	4
Leistung	95 PS	105 PS	115 PS	125 PS
Gewicht	4130 kg	4130 kg	4190 kg	4350 kg
L/B/H (mm)	4150/2275/2760	4150/2275/2760	4150/2275/2760	4150/2275/2760
Radstand	2350 mm	2350 mm	2350 mm	2350 mm
Bodenfreiheit	436 mm	436 mm	436 mm	476 mm
Bereifung	v: 380/70R24 h: 480/70R34	v: 440/65R24 h: 540/65R34	v: 440/65R24 h: 540/65R34	v: 480/65R24 h: 540/65R38
Spurweite	v: 1685 mm h: 1660 mm	v: 1685 mm h: 1660 mm	v: 1685 mm h: 1660 mm	v: 1820mm h: 1800 m

Manfred Hierhager

Fendt 310 Vario aus dem Baujahr 2006 mit der Spargelpflanzmaschine Schiebel Multi SPM 2000

Die erfolgreichste Baureihe von Fendt, die 300er, wird ab 2006 mit dem Variogetriebe ausgestattet. Inzwischen ist die Baureihe Fendt 300 Vario in der dritten Generation auf dem Markt.

Die erste Generation wird 2006 auf dem Feldtag in Wadenbrunn in den Markt eingeführt und löst die Baureihe Farmer 300 Ci ab. Die Motoren sind Neuentwicklungen von Deutz und mit Common-Rail-Technik und Überleistung ausgerüstet: Unter Last bei sinkender Drehzahl steigt die Leistung um 15 PS an. Das Variogetriebe ist für die 300er optimiert und hat einen Fahrbereich von 0 bis 43 km/h. Neu ist die Zapfwellenkomfortschaltung, die sich auch wieder vom Heck aus bedienen lässt. Zusätzlich kann eine Wegzapfwelle geliefert werden. Für die Typen 309 und 310 steht eine Hinterradvariante zur Verfügung und für alle 300er Varios gibt es einen neu entwickelten Frontlader mit 19,4 kN durchgehender Hubkraft und 4050 mm Hubhöhe.

Die zweite Generation wird um das Topmodell 313 Vario erweitert und kommt 2012 auf den Markt. Mit „Power" und „Profi" werden zwei Ausstattungsvarianten angeboten. Der wassergekühlte Viertakt-Reihen-Dieselmotor von Deutz mit Vierventiltechnik und Common-Rail-Hochdruckeinspritzung wird 2015 durch einen Agco Power Motor ersetzt.

Die aktuelle, die dritte Generation, wird im Juli 2014 gemeinsam mit dem Fendt 1000 Vario bei einer Pressekonferenz auf Schloss Neuschwanstein vorgestellt. 2019 wird die Baureihe nach oben um den 314

Oliver Aust

Fendt 311 Vario bei der Grünfutterpflege

Manfred Hierhager

Fendt 310 Vario von 2006 mit bodenschonender Breitbereifung

	309	310	311	312	313
	Zweite Generation: 2012 bis 2015				
Motor	Deutz TCD 4.1	Deutz TCD 4.1	Deutz TCD 4.1	Deutz TCD 4.1	Deutz TCD 4.1
Hubraum	4038 cm^3	4038 cm^3	4038 cm^3	4038 cm^3	4038 cm^3
Zylinder	4	4	4	4	4
Leistung	95 PS	105 PS	115 PS	125 PS	135 PS
Gewicht	4230 kg	4290 kg	4290 kg	4450 kg	4450 kg
L/B/H (mm)	4150/2165/2755	4150/2275/2760	4150/2275/2760	4150/2800/2620	4150/2385/2800
Radstand	2350 mm	2350 mm	2350 mm	2350 mm	2350 mm
Bodenfreiheit	510 mm	510 mm	510 mm	510 mm	510 mm
Bereifung	v: 380/70R24 h: 480/70R34	v: 440/65R24 h: 540/65R34	v: 440/65R24 h: 540/65R34	v: 480/65R24 h: 540/65R38	v: 480/65R24 h: 540/65R38
Spurweite	v: 1685 mm h: 1660 mm	v: 1685 mm h: 1660 mm	v: 1685 mm h: 1660 mm	v: 1820 mm h: 1800 m	v: 1820 mm h: 1800 mm

	311	312	313	314
	Dritte Generation: ab 2015			
Motor	Agco Power	Agco Power	Agco Power	Agco Power
Hubraum	4400 cm^3	4400 cm^3	4400 cm^3	4400 cm^3
Zylinder	4	4	4	4
Leistung	113 PS	123 PS	133 PS	142 PS
Gewicht	4850 kg	4850 kg	5010 kg	5010 kg
L/B/H (mm)	4336/2220/2820	4336/2220/2820	4336/2320/2860	4336/2320/2860
Radstand	2420 mm	2420 mm	2420 mm	242 0 mm
Bodenfreiheit	510 mm	510 mm	510 mm	510 mm
Bereifung	v: 440/65R24 h: 540/65R34	v: 440/65R24 h: 540/65R34	v: 480/65R24 h: 540/65R38	v: 480/65R24 h: 540/65R38
Spurweite	v: 1685 mm h: 1660 mm	v: 1685 mm h: 1660 mm	v: 1820 mm h: 1800 mm	v: 1820 mm h: 1800 m

Agco/Fendt

Das 300er Spitzenmodell Fendt 314 Vario erreicht mit dem Mehrleistungskonzept DynamicPerformance 152 PS

Vario ergänzt. Mit DynamicPerformance, dem Mehrleistungskonzept, erreicht der Fendt 314 Vario 152 PS. Der Agco Power Motor erfüllt die Abgasnorm Stufe V mit einem Dieseloxidationskatalysator (DOC), Dieselpartikelfilter (DPF) und mit selektiver katalytischer Reduktion (SCR). Alle Modelle sind ab 2020 in den überarbeiteten Varianten Power, Profi und Profi+ bestellbar.

Ab der Agritechnica 2019 ist die Bedienphilosophie FendtONE für die gesamte Baureihe Fendt 300 Vario bestellbar. Dazu zählen die neue Bedienarmlehne, die direkt am Fahrersitz montiert ist, der neue Multifunktions-Joystick und das digitale Dashboard am Lenkturm.

Bei Kompakttraktoren wird die Spurführung immer wichtiger. Die Ausstattungsvariante Profi+ verfügt serienmäßig über Fendt Guide. Dazu gehört auch eine Funktion zur Organisation der Felddaten. Die Schläge werden zuhause verwaltet und dann mit einem Auftrag an eine Maschine gesendet. Somit können Aufträge inklusive der Feldgrenzen und Spurlinien mit Fendt Guide auf dem Traktor ausgeführt werden.

Bei deutschen Landwirten sind die Baureihen Fendt 700 Vario und Fendt 300 Vario besonders beliebt. Bereits zum dritten Mal in Folge belegt der Fendt 724 Vario den ersten Platz als „Liebling der Nation". 2020 wurden 1.095 Fendt 724 Vario neu zugelassen. Direkt darauf folgt der Fendt 313 Vario. Er belegt den zweiten Platz der Gesamtliste mit 721 Neuzulassungen. Auf dem dritten Platz der beliebtesten Fendt Traktoren landet der Fendt 718 Vario mit 623 Neuzulassungen.

Agco/Fendt

Fendt 300er Vario mit Grimme Dammfräse

Agco/Fendt

Mit Allradantrieb und Ketten ist das Schneefräsen kein Problem: Fendt 312 Vario

Manfred Hierhager

Fendt 313 Vario aus der zweiten Generation bei der Arbeit mit einem Claas Volto 82OT Heuwender. Unten ist ein Fendt 313 Vario aus der dritten Generation mit einer pneumatischen Drillmaschine von Maschio im Einsatz

Manfred Hierhager

Christoph Ernst

Wirbelt eine Menge Staub auf: Fendt 310 Vario aus der dritten Generation mit einem Schwadleger WV 140 (140 cm Arbeitsbreite) für Gemüse von dem Landtechnikhersteller Grimme

Christoph Ernst

Manfred Hierhager

Agco/Fendt

Wenn diese Anhänger voll beladen sind, können der Fendt Vario 312 (oben) und der Fendt Vario 313 (links), beide aus der zweiten Generation, ihre Zugkraft unter Beweis stellen

Die Ausstattungsvarianten Power, Profi und Profi+

Power

- VisioPlus Kabine mit 77 Grad durchgehendem Sichtfeld und Überkreuz-Beleuchtungskonzept
- Zentrales Variocenter mit Power-Joystick
- Spritspartechnologie SCR mit DOC
- TMS und Grenzlastautomatik 2.0
- Taillierter Halbrahmen
- Lenkwinkelabhängige Allrad- und Differentialsperrautomatik (in Verbindung mit VA-Fed.) 33 % mehr Hydraulikleistung
- Hohe Nutzlast von über 3,5 Tonnen
- Niveaugeregelte Vorderachsfederung

Profi

- Varioterminal 7″ kratzfest, entspiegelt
- Vorgewendemanagement VariotronicTI
- Multifunktions-Joystick* und Kreuzschalthebel für elektrische Ventile*
- ISOBUS Gerätesteuerung*
- Pneumatische Kabinenfederung*
- FKH mit Lageregelung* und entlastender Regelung* - Freie Belegung der Ventile
- Frontlader CargoProfi*

Profi+

- VarioGuide Spurführungssystem
- VarioActive Lenkung (Halbierung der Lenkradumdrehungen) ab Profi+

* optional

Tobias Liebig

Fendt 313 Vario der dritten Generation mit Kuhn I-Bio+ Intelliwrap Presswickelkombination

Jonas Liebig

Fendt 312 Vario in der Abendsonne. Das Frontmähwerk Disco 3100 F von Claas hat drei Meter Arbeitsbreite

Jonas Liebig

Jonas Liebig

Jonas Liebig

Jonas Liebig

Fendt 313 Vario mit der Festkammer-Rundballenpressen Kuhn FB 3130. Mit dem Kabinen-Terminal lässt sich die Presse bequem vom Fahrersitz aus bedienen.

Jonas Liebig

Agco/Fendt

Spitzenmodell der 300er Baureihe: Fendt 314 Vario, serienmäßig ausgestattet mit der Bedienphilosophie FendtONE, Multifunktionsjoystick und dem digitalen Dashboard

Christoph Ernst

Über zwei eigene Drehschalter regeln Sie bequem die Klimatisierung und das Infotainment.

Der neue Multifunktions-Joystick enthält neben der vertrauten Kleeblatt-Bedienung zwei Bedienelemente für die proportionale Ventilsteuerung sowie vier belegbare, weiße Tastenfelder.

Über den zentralen Dreh-Drücksteller steuern Sie sämtliche Anzeigen des Fendt 300 Vario. Dazu gehören noch vier Schnellzugriffstasten für Zurück, Launchpad, Übersicht, Individual Operation Manager (IOM) und den Wechsel zwischen Terminal und Dashboard.

Hier finden Sie Bedientasten für Allrad, Differentialsperren links, die Kraftthebereinstellungen rechts und in der Mitte fünf freie, zu belegende weiße Tasten.

Hier regeln Sie bequem per Drucktasten vertraute Getriebe- und Fahrfunktionen: Dazu gehören zwei Motordrehzahlspeicher, zwei Tempomaten sowie eine neue aktive Tempomateinstellung per Drehrad.

In der mittleren Bedienebene finden Sie von links: Handgas, Geschwindigkeitsspreizung, Einstellhebel-Rocker eins und zwei – frei belegbar, Zapfwellenbetätigung sowie Frontkraftheber und Heckkraftheber mit Tiefeneinstellung.

Der Kreuzschalthebel ermöglicht eine feinfühlige Steuerung ohne Umgreifen von zwei Steuerventilen. Der optionale dritte und vierte Hydraulikkreis ermöglicht das Arbeiten mit umfangreichen Gerätefunktionen. Diese werden über Drucktasten am Kreuzschalthebel aktiviert und gesteuert.

Bedienung der Front- und Heckzapfwelle

Fünf weiße Tasten zur freien Belegung: Sie haben die Möglichkeit, Bedienorte frei mit Funktionen zu belegen. Dies ermöglicht Ihnen die bestmögliche fahrerspezifische Individualisierung Ihres Arbeitsplatzes.

In der unteren Bedienebene finden Sie zu jedem Einstellelement die LED-Anzeige. Über das Farbkonzept sieht der Fahrer sofort, ob Tasten neu belegt wurden. In den Werkseinstellungen werden hier Hydraulikventile gesteuert.

Agco/Fendt

FENDT 400 VARIO

	Farmer 409	Farmer 410	Farmer 411	Farmer 412	413/414	415
	Erste Generation: 1999-2006		Zweite Generation: 2006-2013			
Motor	Deutz BF 4M	Deutz BF 4M	Deutz TCD	Deutz TCD	Deutz TCD	Deutz TCD
Hubraum	3800/4038 cm³	3800/4038 cm³	3800/4038 cm³	3800/4038 cm³	4038 cm³	4038 cm³
Zylinder	4	4	4	4	4	4
Leistung	86/95 PS	100/110 PS	110/115 PS	120/125 PS	135/145 PS	155 PS
Gewicht	5070 kg	5210 kg	5400 kg	5400 kg	5420/5450 kg	5450 kg
L/B/H (mm)	4185/2165/2795	4190/2260/2845	4252/2340/2900	4252/2340/2900	4242/2380/2923	4281/2490/2953
Radstand	2417 mm	2417 mm	2417 mm	2417 mm	2417 mm	2417 mm
Bodenfreiheit	500/470 mm	550/510 mm	462 mm	482 mm	482 mm	512 mm
Bereifung	v: 440/65R24 h: 540/65R34	v: 420/70R24 h: 480/70R38	v: 480/65R24 h: 540/65R38	v: 540/65R24 h: 600/65R38	v: 540/65R24 h: 600/65R38	v: 540/65R24 h: 600/65R38
Spurweite	v: 1820 mm h: 1800 mm	v: 1820 mm h: 1800 mm	v: 1820 mm h: 1800 mm	v: 1820 mm h: 1800 m	v: 1820 mm h: 1800 mm	v: 1880 mm h: 1860 mm

Fendt Farmer 412 Vario in Sonderlackierung und mit McHale Rundballenpresse

Mit der neuen 400er Baureihe gelangt das Variogetriebe bereits 1999 auch in die gehobene Mittelklasse. Die Reihe ist konzipiert für mittelgroße Gemischt- und Grünlandbetriebe. Sie lässt sich optional mit allen Technologien ausstatten, die bisher den größeren Traktoren vorbehalten waren wie zum Beispiel TMS (Traktor-Management-System), bei dem die Traktorelektronik die Steuerung von Motor und Getriebe übernimmt und dem Vorgewendemanagement Variotronic TI. Für den Antrieb sorgt ein wassergekühlter Deutz Viertakt-Vierzylinder-Reihen-Turbomotor mit Vier-Ventiltechnik und Direkteinspritzung.

Die zweite Generation der Baureihe 400, die von 2006 bis 2013 auf dem Markt ist, bringt fünf Modelle im Leistungsspektrum von 115 PS bis 155 PS Maximalleistung. Die Baureihe ist in allen wesentlichen Bereichen weiterentwickelt. Es sind kompakte Traktoren im mittleren Leistungsbereich mit großer Wendigkeit. Unter Einsatz der Lenkbremse kommen alle Typen der 400er Baureihe auf einen Wenderadius von 4,4 Meter.

Die neue Deutz-Motorgeneration verfügt über ein drehzahlunabhängig angesteuertes Common-Rail-Hochdruckeinspritzsystem und eine elektronische Motorregelung. Unterstützt wird das Einspritzsystem durch das Abgasrückführungssystem AGRex. Wegen der Abkühlung und Dosierung der rückgeführten Abgase wird ein besserer Verbrennungsvorgang erreicht, wodurch ein niedrigerer Spritverbrauch erzielt wird.

Oliver Aust

Bei dieser Heckanbaukombination braucht der Fendt Farmer 410 Vario Frontgewichte

Frank Juszczak

Fendt Farmer 410 Vario mit 110 PS und Front- und Heckanbau in Aktion

Oliver Aust

115 PS Allradschlepper Fendt Farmer 411 Vario aus der zweiten Generation: Bodenschonung durch Pflegebereifung und den richtigen Reifendruck

Oliver Aust

Wie alle Fendt Traktoren ab dem Baujahr 1995 sind auch die 400er Vario uneingeschränkt RME-tauglich. Für den Einsatz von Raps-Methyl-Esther nach der DIN EN 14214 gibt es bei Fendt serienmäßig volle Herstellerfreigabe.

Auch in der Kabine gibt es Neues: Beim Komfortsitz mit Lendenstütze sind Federung, Sitzlänge und Sitzneigung maßgerecht einstellbar. In der rechten Seitenkonsole sind die Bedienelemente für das Heckhubwerk und die Zapfwellenschaltungen untergebracht. Direkt daneben sind Handgas und das Folientastenfeld für die Komfortschaltungen von Allrad, Differentialsperren, Vorderachsfederung, Tempomatvorwahl und Zapfwellengeschwindigkeit. Der in die rechte Armlehne des Komfortsitzes integrierte Joystick beinhaltet neben der Getriebesteuerung die Steuertasten für zwei Hydraulikventile und die Aktivierungstasten für Automatikfunktionen. Ebenfalls in der Armlehne sind die Motordrehzahlspeichertasten und der Kreuzschalthebel.

Für die Unterhaltung des Fahrers ist auch gesorgt: Es gibt einen Radioeinbausatz mit zwei Stereolautsprechern, Radio, CD Blaupunkt oder CD MP3 Blaupunkt. Dass bei zu heißer Musik die Luft ausgeht, verhindert das Belüftungssystem im Kabinendach.

Als Pflegebereifung ist eine Kombination von 270/95 R36 1 vorne und 320/90 R50 1 hinten möglich. Das bedeutet auf der Hinterachse einen Radaußendurchmesser von 1847 mm. Zur optimalen Bodenschonung ist eine Kombination aus 480/60 R28 vorne und 650/60

Christoph Ernst

Fendt 412 Vario mit Claas Volto 820T beim Heuwenden …

Agco/Fendt

… und das Spitzenmodell Fendt 415 Vario mit Ladewagen von Pöttinger

Michael Schauer

Feldspritzen im Schlepp: Fendt 411 Vario mit einer Spritze von Rau …

Manfred Hierhager

… und Fendt 415 Vario mit einer Lemken Euro Train 2600 Feldspritze

R38 hinten vorteilhaft. Zusammen mit dem geringen Leergewicht des 4-Zylindertraktors sind das gute Voraussetzungen für einen minimalen Bodendruck.

Der 400 Vario ist serienmäßig mit einer Dreifachzapfwelle ausgestattet. Je nach Anbaugerät wählt der Fahrer per Knopfdruck in der Kabine 540 U/min, 750 U/min oder 1000 U/min. Optional gibt es für den 400 Vario anstatt der Dreifachzapfwelle eine Flanschzapfwelle mit 540 U/min und 1000 U/min.

EHR, der elektrohydraulische Heckkraftheber mit einer maximalen Hubkraft von 65,2 kN garantiert, dass auch schwere Heckgeräte für diese Leistungsklasse in der Praxis bis zur vollen Aushubhöhe problemlos gehoben werden. Die serienmäßige Schwingungstilgung wirkt beim Transport von Anbaugeräten durch aktive Hub- und Senkbewegungen des Krafthebers einem Aufschaukeln des Fahrzeuges entgegen.

Der gegen Aufpreis erhältliche Frontkraftheber der Baureihe 400 Vario hat eine maximale Hubkraft von 31,0 kN. Das erlaubt Frontanbaugeräte bis 2,1 Tonnen Gerätegewicht, die sicher gehoben werden. Der integrierte Gasdruckdämpfer sorgt dafür, dass selbst bei derart schweren Lasten Fahrsicherheit und Fahrkomfort erhalten bleiben.

Nur am Rande: Ab 1958 starteten die neuen Fendt Modelle mit der Typenbezeichnung Farmer. Dieser so populär gewordene Begriff, der besonders in den 1970er und 1980er Jahren verwendet wird, entfällt bei der 400er Baureihe mit dem Modell 413.

Manfred Hierhager

Fendt 415 Vario aus dem Baujahr 2006 mit Krone Rundballenpresse Vario Pack

Agco/Fendt

Fendt 415 Vario mit Frontlader und Ballenzange

Manfred Hierhager

Fendt 415 Vario mit Amazone Hydro Profi SBS Anbaudüngerstreuer

Manfred Hierhager

Der Grimme Kartoffelvollernter des Fendt Farmer 412 entleert in zwei Agroliner, die von einem Fendt 716 Vario gezogen werden

Jürgen Laspe

Fendt Farmer 411 Vario mit Kehrmaschine im Frontanbau

Frank Juszczak

Fendt 415 Vario mit Tandemkipper auf einem Silohaufen

FENDT 500 VARIO

	512 seit 2012	513 seit 2013	514 seit 2013	516 seit 2013
Motor	Deutz TCD L4-4V	Deutz TCD L4-4V	Deutz TCD L4-4V	Deutz TCD L4-4V
Hubraum	4038 cm^3	4038 cm^3	4038 cm^3	4038 cm^3
Zylinder	4	4	4	4
Leistung	110 PS/124 PS	120 PS/133 PS	135 PS/150 PS	150 /163 PSPS
Gewicht	6050 kg	6050 kg	6400 kg	6400 kg
L/B/H (mm)	4453/2501/2930	4453/2501/2930	4453/2501/2965	4453/2501/2965
Radstand	2560 mm	2560 mm	2560 mm	2560 mm
Bodenfreiheit	530 mm	530 mm	530 mm	530 mm
Bereifung	v: 480/65R28 h: 600/65R38	v: 480/65R28 h: 600/65R38	v: 480/70R28 h: 580/70R38	v: 540/65R28 h: 650/65R38
Spurweite	v: 1880 mm h: 1860 mm	v: 1880 mm h: 1860 mm	v: 1880 mm h: 1860 mm	v: 1880 mm h: 1860 m

Günther Uhl

Er ist kompakt und vielseitig, leistungsstark und wendig – es gibt keinen landwirtschaftlichen Bereich, in dem er nicht eingesetzt werden könnte. Er ist auf dem Feld, im Grünland oder beim Transport ebenso zu Hause wie auf dem Hof. Er arbeitet bei Familienbetrieben, Lohnunternehmen und Großbetrieben: Der Fendt 500 Vario, der erstmals 2012 erscheint, wird seit 2013 in vier Varianten angeboten.

Die neuen Vierzylinder-Deutz-Motoren mit 4,04 Liter Hubraum und Common-Rail Einspritzung entsprechen der Abgasnorm Tier 4 Final. Fendt setzt bei diesen Motoren auch die elektronisch geregelte Abgasrückführung (AGR) mit kennfeldgesteuerter AdBlue-Einspritzung und zusätzlichem Motorölwärmetauscher ein.

Die serienmäßig gefederte Kabine Fendt VisioPlus bietet ein durchgehendes Sichtfeld. Die ins Dach hinein gewölbte Frontscheibe gibt den Blick frei auf den ausgehobenen Frontlader. Arbeiten bei Dunkelheit ermöglicht die Überkreuzbeleuchtung mit bester Sicht auch bei Nacht. Nach unten und vorne sind die Sichtlinien durch die kompakte Haube und den taillierten Halbrahmen optimiert. In einer solchen Kabine können sich Fahrer und Beifahrer in der Tat wohlfühlen.

Beim Frontladereinsatz können über die Kombination aus 3L-Joystick und dem Fendt Frontlader mit einem 3. Ventil erstmals drei Funktionen zeitgleich ausgeführt werden. So kann zum Beispiel die Ballenzange gleichzeitig geschlossen, eingezogen und angehoben werden. Zwei Frontladertypen stehen zur

Günther Uhl

Fendt Vario 512 im Heckanbau mit der Drillmaschine Lemken Solitair 9

Jürgen Laspe

Spitzenmodell Fendt 516 Vario auf dem Weg zum Grubbern

Agco/Fendt

Die VisioPlus Kabine bietet neben dem bequemen Fahrersitz mit der neuen Armlehne ein großzügiges Sichtfeld, zahlreiche Ablagefächer und den FendtONE Arbeitsplatz

Agco/Fendt

Blick von oben auf das Kabinendach eines 500er Vario und den Frontlader Fendt Cargo, der bei den 500er Modellen eine maximale Hubkraft von 2250 daN bei 4X/75 und 2620 daN bei 4X/75 erreicht

Wahl: Der Fendt Cargo und der Fendt CargoProfi mit dem Koppelsystem Cargo Lock und der Parallelführung mit Z-Kinematik.

Die optionale 1000E Heckzapfwelle ergänzt das bisherige Angebot der drei Zapfwellengeschwindigkeiten 540, 540E und 1000 Zapfwelle für unterschiedliche Arbeiten. Mit der 1000E Heckzapfwelle können Anbaugeräte mit hoher Drehzahlanforderung und gleichzeitig vermindertem Leistungsbedarf besonders kraftstoffsparend betrieben werden und das Einsatzspektrum des Schleppers wird erweitert.

Die Varioterminals, die alle Traktor- und Gerätefunktionen beinhalten, sind nun auch im Fendt 500 Vario erhältlich. Sie werden intuitiv über die kombinierten Touch- und Tastenelemente bedient. Dank der neuen Halterung mit Kugelgelenk kann das Varioterminal flexibel eingestellt werden. Die Glasoberfläche ist kratzfest und leicht zu reinigen. Mit dem Varioterminal 7-B kann man auch isobusfähige Anbaugeräte ansteuern und das VariotronicTI Vorgewendemanagement programmieren. Das Varioterminal 10.4-B bietet zusätzlich zwei Kameraanschlüsse, das Spurführungssystem Vario-Guide, die Dokumentation Vario-Doc Pro und eine Datenübertragung per Bluetooth.

2021 führt Fendt für die 500er, 900er und 1000er Vario Baureihen „FendtONE“ ein. Das ist ein Bediensystem, das einen leichten Einstieg in die Spurführung und systemgestützte Dokumentation bietet. Fendt führt dazu aus: *„Bisher wurde die Arbeit auf dem Feld und im Büro*

Christoph Ernst

Fendt 516 Vario, der Oehler Tandem Muldenkipper hat bei 5340 kg Leergewicht ein zulässiges Gesamtgewicht bis 24.000 kg

Agco/Fendt

Fendt 516 Vario mit Fendt Kombiladewagen Tigo 50 PR mit zulässigem Gesamtgewicht bis 22.000 kg

Jonas Liebig

Fendt 516 Vario, das Trommelmähwerk von Krone ist schon etwas in die Jahre gekommen

Jonas Liebig

Fendt Favorit 600 LS (85 PS, 1978–1981) und Fendt 516 Vario arbeiten in Küstennähe – verraten die Möwen

getrennt betrachtet. Beide Tätigkeiten hängen zwar zusammen, finden aber getrennt voneinander statt und werden mit unterschiedlichen Systemen durchgeführt. Deshalb wird der Aufwand für den Einstieg in die automatische und systemgestützte Dokumentation oft als zu hoch empfunden und stattdessen lieber weiterhin mit Zettel und Stift dokumentiert. Mit FendtONE gehen wir seitens Fendt einen neuen und zukunftsorientierten Weg. Einen Weg, der Ihre Arbeit im Büro mit Ihren Tätigkeiten auf dem Feld verbindet. Einfach und intuitiv."

- Erster ganzheitlicher Bedienansatz am Markt
- Ermöglicht eine einzigartige Fusion von on- und offboard Welt
- Kabelloser Datentransfer
- Orts- und zeitunabhängige Verwaltung der Daten über verschiedene Endgeräte
- Identische Bedienlogik auf der Maschine und im Büro
- Optimierung des gesamten Arbeitsprozesses
- Offenes System, das durch Schnittstellen in Zukunft den Zugang und die Verbindung mit anderen Systemen gewährleistet

Zum Beispiel wird das Aufzeichnen von Ausbringmengen während der Feldarbeit um die Auftragsplanung- und -verwaltung im Büro erweitert. So können die Daten des Traktors und des Anbaugeräts, die ohnehin schon von der Maschine ausgelesen und aufgezeichnet werden, direkt für die Dokumentation genutzt werden. Praktisch ist, dass FendtONE durchgängig die gleiche Symbolik und Oberfläche aufweist. Das macht die Bedienung einfach.

Marc Trappe

Fendt 516 Vario mit Triplex Mähwerk der Firma Kalinke Maschinen

Agco/Fendt

Seit 2015 bietet Fendt eigene Heuwender, Kreiselschwader und Mähwerke an

Agco/Fendt

Fendt 516 Vario, das Fendt Scheibenmähwerk Slicer 3060 FP arbeitet mit sechs Mähscheiben auf drei Meter Breite

Agco/Fendt

Fendt 516 Vario zieht seine 12,5 m breiten Bahnen mit einem Vierkreiselschwader Fendt Former

Agco/Fendt

Fendt 516 Vario mit Fendt Trommelmähwerk Cutter 3140 FPV mit vier Mähtrommeln …

Agco/Fendt

… und 3,06 m Arbeitsbreite am Frontmähwerk

Christoph Ernst

Fendt 516 Vario mit schweren Ballastgewichten beim Walzen auf einem Silohaufen

Günther Uhl

Das Unternehmen Zumbrink Landwirtschaft aus dem Münsterland holt „Nachschub"

Manfred Hierhager

Fendt 516 Vario mit Demmler Silier-Profi

Agco/Fendt

Fendt 516 Vario mit Schneepflug des Kommunaltechnik Unternehmens Reiter-Luttnig

FENDT 700 VARIO

	Favorit 711	Favorit 712	Favorit 714	Favorit 716
	1999-2006	1999-2006	1998-2006	1998-2006
Motor	Deutz BF6M 2013	Deutz BF6M 2013	Deutz BF6M 2013	Deutz BF6M 2013
Hubraum	5703 cm³	5703 cm³	5703 cm³	5703 cm³
Zylinder	6	6	6	6
Leistung	115 PS	125 PS	140 PS	160 PS
Gewicht	6170 kg	6170 kg	6555 kg	6555 kg
L/B/H (mm)	4615/2429/2859	4615/2429/2859	4653/2550/2964	4653/2550/2964
Radstand	2700 mm	2700 mm	2700 mm	2700 mm
Bodenfreiheit	528 mm	552 mm	552 mm	576 mm
Bereifung	v: 420/70R28 h: 520/70R38	v: 480/65R28 h: 600/65R38	v: 480/70R28 h: 580/70R38	v: 540/65R28 h: 650/65R38
Spurweite	v: 1880 mm h: 1860 mm	v: 1940 mm h: 1920 mm	v: 1940 mm h: 1920 mm	v: 1940 mm h: 1920 m

	714	716	718	720	722	724
	seit 2006	seit 2006	seit 2006	seit 2011	seit 2011	seit 2011
Motor	Deutz TCD	Deutz TCD	Deutz TCD	Deutz TCD	Deutz TCD	Deutz TCD
Hubraum	6056 cm³	6056 cm³	6056 cm³	6056 cm³	6056 cm³	6056 cm³
Zylinder	6	6	6	6	6	6
Leistung	144 PS	163 PS	181PS	201 PS	222 PS	237 PS
Gewicht	6605/7600 kg	6605/7600 kg	6985 kg	7900/7980 kg	7900 kg	7900 kg
L/B/H (mm)	4669/2520/2999	4669/2570/2999	4753/2570/2999	5227/2550/3050	5240/2550/3050	5240/2550/3050
Radstand	2700/2770 mm	2770/2770 mm	2720 mm	2770/2783 mm	2783 mm	2783 mm
Bodenfreiheit	552 mm	552 mm	552 mm	552 mm	552 mm	552 mm
Bereifung	v: 480/70R28 h: 580/70R38	v: 540/65R28 h: 650/65R38	v: 540/65R28 h: 650/65R38	v: 540/65R30 h: 650/65R42	v: 540/65R30 h: 650/65R42	v: 540/65R30 h: 650/65R42
Spurweite	v: 1940 mm h: 1920 mm	v: 1940 mm h: 1920 mm	v: 1940 mm h: 1920 mm	v: 1940 mm h: 1920 mm	v: 1940 mm h: 1920 mm	v: 1940 mm h: 1920 m

Jonas Liebig

Drei Jahre nach der Vorstellung des Variogetriebes kommt die 700er Baureihe mit dem stufenlosen Antrieb auf den Markt. Sie präsentiert sich auch gleich in dem neuen Design, mit bequemer Kabine und modernster Motorentechnik. Das zahlt sich aus. Die neuen 700er von Fendt avancieren zu den besten und erfolgreichsten Traktoren der Welt.

2003 erfährt die Baureihe einige Neuerungen, unter anderen einen neu entwickelten Frontkraftheber, eine Stop-and-go Funktion sowie eine aktive Haltefunktion. Auch die Variotronic, die den Joystick, das Terminal und die Konsole umfasst, wird verbessert. Damit können jetzt Anbaugeräte bis zum Ladewagen und schweren Pflug gesteuert werden. Dazu werden die Hubkräfte des Heckkrafthebers gesteigert und die Achslasten erhöht. 2003 entfällt für die 700er Baureihe die bereits 1958 eingeführte Bezeichnung „Favorit". 2006 kommt der 718 Vario auf den Markt und 2011 folgen die Typen 720, 722 und 724.

Unter der Motorhaube arbeitet ein speziell von Deutz für Fendt entwickelter wassergekühlter Viertakt-Sechszylinder-Reihen-Turbomotor mit Direkteinspritzung mit 5,7 l Hubraum. Das Leistungsspektrum reicht zunächst von 115 bis 160 PS, 2003 wird es gesteigert von 125 bis 165 PS. Der 718 Vario erscheint 2006 mit dem Deutz-Motor TCD mit 6,1 l Hubraum, Common-Rail-Einspritzung, Ladeluftkühlung und Abgas-Turbolader, der 181 PS leistet. 2011 erscheinen die Typen 720, 722 und 724 mit dem gleichen Motor, der hier 201, 222 und 237 PS leistet.

Udo Paulitz

Rund 40 Jahre liegen zwischen dem Fendt Fix 1 und dem Fendt Favorit 711 Vario

Oliver Aust

Fendt Vario Favorit 712 mit zwei Anhängern in der Maisernte

Manfred Hierhager

Arbeitsplatz eines Fendt 700 Vario Fahrers: An Technik hat es da keinen Mangel

Marc Fischer

Fendt 712 Vario mit Mengele Maishäcksler …

In den 2010er Jahren entwickelt sich die Baureihe 700 Vario zum Bestseller im Fendt Programm. Die Kunden in Europa und weltweit schätzen das Gesamtkonzept mit der Hightech-Ausstattung und dem vielseitigen Einsatz auf dem Acker, im Grünland und auf der Straße.

FendtONE wird erstmalig 2019 in den 700er Varios vorgestellt und geht 2020 für alle Ausstattungsvarianten in Serie. Zusätzliche Features wie ein Isobus- Anschluss vorne und ein 6-fach Multikuppler für ein drittes Ventil am Frontlader erhöhen die Vielseitigkeit.

Für Vario-Kunden, die ihren Traktor hauptsächlich für Transportarbeiten einsetzen, bietet Fendt die „Power"-Variante. Die hat mehr Zugkraft und eine geringere technische Ausstattung. Bei Straßenfahrten haben Fahrer mit dem 10" digitalen Dashboard am Lenkturm alle relevanten Informationen direkt im Blick. Hinzu kommt ein serienmäßig verbautes 12" Terminal an der Armlehne, das die Nutzung der Maschine deutlich vereinfacht. Außerdem bietet die Power-Variante erstmals frei belegbare Tasten.

Für Grünlandbetriebe ist die Power+ Ausstattung mit Fendt Guide optimal. Mit dem 12" Terminal an der Armlehne können zeitgleich Funktionen der Spurführung und Isobus Funktionen auf frei belegbaren Kacheln angezeigt werden. So wird die Steuerung eines komplexen Anbaugerätes, wie einer Isobus-fähigen Mähwerkskombination mit Spurführung komfortabler. Zusätzlich erleichtern der Joystick und der optionale 3L Joystick die Bedienung von Anbaugeräten.

Agco/Fendt

… belädt einen Strautmann Anhänger …

Agco/Fendt

… der von einem Fendt 509 C gezogen wird

Jürgen Laspe

Der Fendt Favorit 712 Vario mit 5,7 l Deutz-Motor mit 125 PS entstammt der ersten Generation der 700er Baureihe. Er arbeitet mit einer Krone Comprima Rundballenpresse V 180 XC

Manfred Hierhager

Das Spitzenmodell seiner Baureihe: Der 237 PS starke Fendt 724 Vario mit Claas Quadrant 3200 FC Großpackenpresse. Die Kabine mit ihrer bis ins Kabinendach hochgezogenen Frontscheibe ist mit dem FendtONE Fahrerarbeitsplatz ausgestattet

Der Fendt 716 Vario der neuen Generation stapelt die Strohballen mit dem Frontlader Fendt Cargo 700V. Der Cargo ist mit Multikuppler ausgestattet zum Anschließen aller hydraulischen und elektrischen Leitungen. Die maximale Hubkraft beträgt 3000 daN, die Großballengabel mit drei Zinken ist 1,50 m breit. Die Frontscheibe der neuen Kabine bietet optimierte Sicht, besonders bei Frontladerarbeiten. Bei dem Fendt Vario, der den Strohballenanhänger (unten) zieht, handelt es sich ebenfalls um einen 716 der neuen Generation

Agco/Fendt

Christoph Ernst

Tobias Liebig

Fendt Favorit 714 Vario mit 144 PS und Allradantrieb auf schwerem Acker, unten bei einer Vorführung beim Grubbern

Marc Fischer

Manfred Hierhager

Fendt 714 Vario. Anbaugeräte, wie diese Kverneland Accord Drillmaschine, werden bequem mit Variotronic gesteuert

Manfred Hierhager

Fendt 716 Vario. Optional gibt es die Variotronic-Kamera, mit der der Fahrer die angebauten Maschinen im Blick hat, ohne den Kopf wenden zu müssen, wie bei dieser Horsch Pronto Drillmaschine

Christoph Ernst

Zwei Fendt 714 Vario auf Stoppelfeldern: Oben mit einem Kverneland Ballenwickler aus den 1990er Jahren, unten mit einem Bergmann Dungstreuer. Der 714 sieht aus wie „aus dem Ei gepellt", der Dungstreuer ist schon „in die Jahre gekommen"

Manfred Hierhager

Jonas Liebig

Die Fendt Varios, hier ein Favorit 716 bei der Maisernte, sind optional mit Vario-TMS erhältlich, ab 2011 serienmäßig. Mit TMS übernimmt die Traktorelektronik die lastabhängige Steuerung von Motor und Getriebe

Jonas Liebig

Zwei 716er Vario zum Vergleich, oben die klassische Karosserie, unten die neuere. Auffälligstes Merkmal ist die moderne Kabine, aber auch die runden LED Arbeitsscheinwerfer und die Motorhaube zeigen neuestes Design

Christoph Ernst

Manfred Hierhager

Jörg Sprengel

Jörg Sprengel

Christoph Ernst

Fendt Favorit 716 Vario mit Amazone Maissämaschine (oben), Fendt Favorit 716 Vario mit der pneumatischen Drillmaschine Lemken Solitär und mit atypisch weiß lackierten Felgen (Mitte) und Fendt 718 Vario mit Struik Frontfräse und der vierreihigen Legemaschine Grimme GL 420 (unten)

Christoph Ernst

Fendt Vario 724 mit 1250 kg Frontgewicht und vollbeladenem Claas 9400 Cargos Kurzschnittladewagen auf der Silage. Je dichter die Silage liegt, desto weniger Sauerstoff kann in den Stock eindringen

Christoph Ernst

Manfred Hierhager

Fendt Vario 724 mit 237 PS im Baustelleneinsatz. Traktoren werden immer häufiger auf Erdbaustellen eingesetzt, weil sie in der Regel schneller, geländegängiger und wirtschaftlicher sind als Dumper und Kipper

Manfred Hierhager

Agco/Fendt

Fendt 720 Vario, das Zunhammer Güllefass auf zwei Achsen hat ein Volumen von 10.500 Litern

Jürgen Laspe

201 PS Allradschlepper Fendt 720 Vario mit RTS Aros 25 Güllefass

Agco/Fendt

Hier arbeitet die Fendt Anhängespritze Rogator 366 mit 28 m Arbeitsbreite, das Fass hat ein Volumen von 6.600 Liter

Manfred Hierhager

Pflügen, auch auf schwerem Acker, ist für den kompakten Großschlepper Fendt 720 Vario mit 201 PS und Allradantrieb kein Problem. Fahrbereich I auf Acker: Vorwärts 0,02 bis 33 km/h und rückwärts 0,02 bis 17 km/h

Christoph Ernst

Manfred Hierhager

Der Wagner 22 t Wannenkipper WK-700 mit zwei Achsen hinter dem Fendt Vario 724 hat etwa 38 cbm Ladevolumen. Der Fendt Vario 724 (unten) arbeitet im Frontanbau mit einer Astschere der Maschinenfabrik Dücker

Jonas Liebig

Günther Uhl

Zwei Varios in schwarzer Lackierung: Oben der 222 PS starke Fendt Vario 722 mit dem Traktorkran Epsilon C 60 F von Palfinger bei der Holzzerkleinerung, unten ein 237 PS starker Fendt Vario 724 mit Krampe Zweiachs-Sattelauflieger Hakenlift

Jörg Sprengel

FENDT 800 VARIO

	815	817	818
	2003-2009	2003-2009	2002-2011
Motor	Deutz BF6M 2013	Deutz BF6M 2013	Deutz BF6M 2013
Hubraum	5703 cm³	5703 cm³	5703 cm³
Zylinder	6	6	6
Leistung	150/168 PS	165/180 PS	170/195 PS
Gewicht	6650 kg	6650 kg	6800 kg
L/B/H (mm)	4700/2550/3020	4700/2550/3020	4700/2550/3020
Radstand	2720 mm	2720 mm	2720 mm
Bodenfreiheit	570 mm	570 mm	570 mm
Bereifung	v: 480/70R30 h: 580/70R42	v: 480/70R30 h: 580/70R42	v: 540/65R30 h: 650/65R42
Spurweite	v: 1940 mm h: 1920 mm	v: 1940 mm h: 1920 mm	v: 1940 mm h: 1920 mm

	819	820	822	824	826	828
	2010-2011	2006-2011	seit 2010	seit 2010	seit 2010	seit 2010
Motor	Deutz TCD	Deutz TCD	Deutz TCD	Deutz TCD	Deutz TCD	Deutz TCD
Hubraum	6056 cm³	6056 cm³	6056 cm³	6056 cm³	6056 cm³	6056 cm³
Zylinder	6	6	6	6	6	6
Leistung	180/200 PS	190/205 PS	200/226PS	220/246 PS	240/265 PS	260/287 PS
Gewicht	9300 kg	7185 kg	9300 kg	9300 kg	9450 kg	9450 kg
L/B/H (mm)	5274/2620/3270	4753/2570/3025	5274/2620/3270	5274/2550/3270	5274/2620/3270	5274/2620/3270
Radstand	2900 mm	2720 mm	2900 mm	2900 mm	2900 mm	2900 mm
Bodenfreiheit	513 mm	566 mm	513 mm	513 mm	567 mm	567 mm
Bereifung	v: 540/65R30 h: 650/65R42	v: 540/65R30 h: 650/65R42	v: 540/65R30 h: 650/65R42	v: 540/65R30 h: 650/65R42	v: 540/65R34 h: 650/85R38	v: 540/65R34 h: 650/85R38
Spurweite	v: 2000 mm h: 1970 mm	v: 1940 mm h: 1920 mm	v: 2000 mm h: 1970 mm	v: 2000 mm h: 1970 mm	v: 2000 mm h: 1970 mm	v: 2000 mm h: 1970 m

Christoph Ernst

Fendt Vario Favorit 815 mit Krone Einkreiselschwader „Swadro"

Die erste Baureihe 800, die Fendt auf den Markt bringt, erscheint 1993 mit gleich vier leistungsstarken Großtraktoren, die sich den Ruf der Königsklasse in Europa erwerben. Neun Jahre später debütiert in der 800er Baureihe der Fendt 818 mit Variogetriebe. Ein Jahr später, 2003, folgen die Typen Fendt 815 Vario und Fendt 817 Vario. 2006 gesellt sich der Fendt 820 Vario zum Trio und 2010 folgt der Fendt 819 Vario. Komplettiert wird die 800er Baureihe 2010 durch die Typen 822 Vario, 824 Vario, 826 Vario und 828 Vario. Die werden bei der Agritechnica 2009 vorgestellt und dort gleich mit Vorschusslorbeeren bedacht: „Maschine des Jahres 2010" in der Kategorie „Traktor Oberklasse". Diese vier Typen werden bis heute gebaut.

Zunächst dient als Kraftquelle der Deutz BF6M 2013 C, ein wassergekühlter 5,7 Liter Viertakt-Sechszylinder-Reihen-Turbomotor mit Direkteinspritzung, Vierventiltechnik, Abgas-Turbolader und Ladeluftkühlung in den Leistungsbereichen von 150 bis 195 PS. Ab 2006 wird der Deutz TCD 2012 LO6 4V, ein 6,05 Liter wassergekühlter Viertakt-Sechszylinder-Dieselmotor mit Vierventiltechnik, Common-Rail-Einspritzsystem, Abgas-Turbolader, DCR, AGRex-Abgassystem (ab 2011 mit SCR-Katalysator) und vollelektronischer EDC 7-Motorregelung eingebaut, ab 2010 mit AdBlue-Technologie.

Mit der Baureihe 800 Vario stellt Fendt erstmals die neue elektronische Rückfahreinrichtung vor. In nur wenigen Schritten lässt sich der Fahrersitz mitsamt Lenkrad, Multi-

Manfred Hierhager

Der sieht nach Arbeit aus: Fendt 817 Vario nach dem Ausbringen von Gülle

Jörg Sprengel

Der 168 PS SchlepperFendt 815 Vario arbeitet mit einer John Deere Ballenpresse

Manfred Hierhager

Nicht mehr ganz frisch, aber gemütlich: Kabine des Fendt 818 Vario

Agco/Fendt

4-Wege-Multifunktionsjoystick mit zusätzlichen Bedientasten für das 3. und 4. Zusatzhydrauliksteuergerät, Tempomat- und Motordrehzahlspeichertasten sowie die Aktivierung des Vorgewendemanagements Variotronic. Oben im Bild das neue Varioterminal 10.4''

funktionsarmlehne und allen Bedienelemente um 180 Grad drehen. Vom Fahrerplatz aus werden über die Variotronic sämtliche Arbeitsvorgänge gesteuert. Die x-5 Kabine ist mit Klimaautomatik ausgestattet und der luftgefederte Komfort- Fahrersitz mit Sitzheizung. Die Frontscheibe mit Verbundsicherheitsglas verfügt über eine Scheibenheizung und einen 300° Scheibenwischer. Die mechanische, dreifach gelagerte Kabinenfederung reduziert die Schwingungen. Die Kombination aus gefederter Vorderachse und pneumatischer Kabinenfederung unterstützt den Fahrkomfort.

Das Varioterminal 7" mit hochauflösendem, entspiegeltem Bildschirm und mit LED Hintergrundbeleuchtung präsentiert alle Schlepper- und Gerätefunktionen. Auch isobusfähige Anbaugeräte können direkt über das Varioterminal gesteuert werden. In dem Varioterminal 10.4" sind Schlepper- und Gerätebedienung, Kamerafunktion, Spurführung und Dokumentation integriert. Man kann wahlweise ein Vollbild, ein geteiltes Bild oder vier Einzelbilder, in denen jeweils eine andere Funktion dargestellt wird, aufrufen. Zusätzlich zur Touch-Bedienung steht die Bedienung per Tasten zur Verfügung. Das Terminal gibt es serienmäßig bei der ProfiPlus-Ausstattung, auf Wunsch ist es auch in der Profi-Variante erhältlich.

Der 4-Wege-Multifunktionsjoystick ist mit zusätzlichen Bedientasten für das 3. und 4. Zusatzhydrauliksteuergerät, mit Tempomat- und Motordrehzahlspeichertasten und die Aktivierung des Vorgewende-

Manfred Hierhager

Fendt 818 Vario vor der isobusfähigen Großpackenpresse Big Pack von Krone

Michael Schauer

Volle Ladung: Für den Fendt 818 Vario mit Allradantrieb und 170 PS kein Problem

Jörg Sprengel

Die Mengele 530 Großpackenpressse aus den 1990er Jahren benötigt für den Betrieb einen Schlepper mit mindestens 84 PS, also ist der Fendt 818 Vario mit seinen 170 PS dafür bestens gerüstet. Die Presse produziert Ballen von 100 cm bis 250 cm Länge

Manfred Hierhager

Hinter dem 190 PS starken Fendt 820 Vario arbeitet eine Fendt Quaderballenpresse 1270 S mit ProCut Schneidwerk, die Ballenmaße: 120 cm breit, 70 cm hoch und maximal 274 cm lang

Mnafred Hierhager

Der Fendt 820 Vario verfügt vorwärts über zwei Fahrbereiche: bis 28 km/h und bis 50 km/h und rückwärts über zwei Fahrbereiche: bis 16 km/h und bis 37 km/h, hier beim Ballenpressen mit zweiachsiger Claas Quaderballenpresse Quadrant 2200 RotoCut

Manfred Hierhager

Das 800er Spitzenmodell Fendt 828 Vario mit 287 PS führt eine Claas Quaderballenpresse 5300 FC Quadrant mit einer Pickup Arbeitsbreite von 235 cm die Ballen auswirft, die 120 cm breit und 90 cm hoch sind

Oliver Aust

Fendt 820 Vario mit einem Schuitemaker Silagewagen Siwa 720 mit maximal 48 m^3 Fassungsvermögen

Marc Trappe

Hier sind ein Johnn Deere 7800 Häcksler, ein Bergmann Silagewagen und ein Fendt 818 Vario in der Grünfutterernte

managements Variotronic ausgestattet. Im Vorgewendemanagement Variotronic legt der Fahrer im Stand oder während der Fahrt den Bedienungsablauf beim Wenden an und speichert ihn. Auch die Einstellungen für die Motor- und Getriebesteuerung, die Hydraulikventile, die Front-/Heckkraftheber, die Zapfwellen in Front und Heck und die Spurführung werden über das Vorgewendemanagement vorgenommen und abgerufen.

Das Beleuchtungskonzept des Fendt 800 Vario ist auf technisch modernstem Stand. Abblend- und Fernlicht verfügen über Bi-LED-Leuchten mit Leuchtweitenregulierung. Auch die Arbeitsscheinwerfer und die Cornerlights sind mit LED-Leuchten versehen. Damit lässt sich die Ausleuchtung auch bei Dunkelheit gut und sparsam regeln.

Die integrierte Reifendruckregelanlage Fendt VarioGrip spart bis zu acht Prozent Kraftstoff und erhöht die Flächenleistung um bis zu acht Prozent. Außerdem kann die Zugleistung um bis zu zehn Prozent erhöht werden. Zudem wird die Bodenverdichtung verringert.

2013 bekommt Fendt für das umweltschonende, energieeffiziente Hydraulikkuppelsystem Flat Face Coupling (FFC) von der Deutschen Landwirtschaftsgesellschaft (DLG) eine Silbermedaille. Bisher gab es die flachdichtende Hydraulikkupplung nur für den Fendt 1000 Vario. Jetzt wird das System auch auf die Baureihen Fendt 800 Vario und Fendt 900 Vario ausgeweitet.

Heute ist in Westeuropa mehr als jeder dritte Traktor ab 200 PS ein Fendt Vario.

Manfred Hierhager

Der Fendt 818 Vario macht sich nützlich in der Grünfutterernte. Dabei unterstützen ihn ein Claas Feldhäcksler und ein Fedlmeier Tandem Muldenkipper

Manfred Hierhager

Emanuel Bayer

Marc Fischer

Jonas Liebig

Silomais wird in der Zeit von Mitte September bis Anfang Oktober geerntet. Optimal ist der Zeitpunkt, wenn der Trockenmassegehalt der Gesamtpflanze im Bereich von 30 bis 35 Prozent TS liegt

Hier ist ein Jaguar Feldhäcksler am Werk. Der Jaguar ist eine der erfolgreichsten und bekanntesten Claas Maschinen. Zunächst nur in der vom Traktor gezogenen Variante bekannt, kam mit dem gestiegenen Maisanbau 1973 der erste selbstfahrende Claas Feldhäcksler auf den Markt, der sich seitdem in zahlreichen Weiterentwicklungen auf den Märkten der Welt bewährt hat. Der hier arbeitende Jaguar 850 hat einen 12,8 Liter Mercedes-Benz Motor mit 462 PS als Antrieb

Der Tandem-Wannenkipper Big Body 600 von Krampe hat ein zulässiges Gesamtgewicht auf öffentlichen Straßen in Deutschland von 21.000 kg. Das Eigengewicht beträgt etwa 5.840–6.470 kg. Bei dem Zugkraftbedarf von 125 PS hat der 205 PS starke Fendt Vario 820 leichtes Spiel

Manfred Hierhager

Fendt 815 Vario mit Silberhorn Muldenkipper Agrodumper bei der Maisernte, unten ein Fendt 818 Vario

Marc Fischer

Marc Trappe

Der Tandemachsanhänger des 205 PS starken Fendt 820 Vario wird beladen von einem Case IH Maishäcksler

Günther Uhl

Mit Maisschiebeschildern bei der Arbeit: Fendt 820 Vario (oben) und Fendt 826 Vario (unten). Das Saphir Mais- und Grüngutschiebeschild Kombi (unten) ist für Zug- und Schubfahrt geeignet. Die Seitenteile lassen sich nach vorne und hinten einzeln ein- und ausklappen. Die stabile und robuste Bauart des Schildes ermöglicht den Einsatz auch mit Systemtraktoren bis etwa 350 PS

Manfred Hierhager

FENDT

Agco/Fendt

Manfred Hierhager

Fendt 828 Vario mit 287 PS auf Baustellen als Schlepper für Muldenkipper. Der Tandemachser Kröger terraliner Schwerlastmuldenkipper (oben) mit halbrunder Muldenform hat 11 m^3 Ladevolumen und 22.000 kg zulässiges Gesamtgewicht. Der orangefarbene Fendt im Bild links im Hintergrund ist ein 724 Vario und schleppt einen Fliegl Tandemachser. Unten zieht ein Fendt 828 Vario einen Baustellen-Wassertankwagen für das Traditionsunternehmen Leonhard Weiss, dessen Hauptstandorte in Göppingen und Satteldorf (Baden-Württemberg) sitzen

Günther Uhl

Manfred Hierhager

Fendt 820 Vario mit Rauch Düngerstreuer Axis-M mit vollautomatischer EMC-Dosierautomatik. EMC misst und regelt im Gegensatz zu klassischen Wiegestreuern den Düngerdurchfluss am linken und rechten Dosierschieber separat

Agco/Fendt

Das 287 PS starke 800er Spitzenmodell Fendt 828 Vario arbeitet mit einer achtreihigen Horsch Maistro 8CC Einzelkornsämaschine mit einer Arbeitsbreite von sechs Metern

Agco/Fendt

Der Fendt 828 Vario ist mit der x5-Kabine mit 3,5 m^3 Raumvolumen und Panorama-Frontscheibe ausgestattet und hat eine Nutzlast von bis zu 6,5 Tonnen. Hier zieht er eine Seed Hawk 600 C Direktsaatmaschine von Väderstad

Manfred Hierhager

Mit einer Sämaschine des italienischen Landmaschinenherstellers Gaspardo ist der Fendt 820 Vario bei der Arbeit. Der 820er wurde von 2006 bis 2011 gebaut und erreichte eine Auflage von rund 8600 Exemplaren

Jonas Liebig

Der Fendt 826 Vario, dessen 6,05 Liter Sechszylindermotor 265 PS leistet, kann mit dem zulässigen Gesamtgewicht von 14.000 kg, auch mit Heck und Frontanbau, bis zu 60 km/h Höchstgeschwindigkeit erreichen

Marc Trappe

Tannengrün lackiert ist der Fendt 820 Vario, passend zu den Produkten des sauerländischen Unternehmens Claudius Koch, das in der Forstwirtschaft tätig ist und Weihnachtsbäume liefert

Christoph Ernst

Orange lackiert sind Fendt Traktoren immer häufiger im Kommunalbereich anzutreffen.Der Fendt 824 Vario ist im Einsatz für Straßen NRW, den Straßenbau-Landesbetrieb von NRW, hier mit einem Heckmähgerät GA 700 von Mulag-Gödde

FENDT 900 VARIO

	Favorit 926	Favorit 916	Favorit 920	Favorit 924	930	922
	1996-2006	1997-2006	1997-2006	1997-2014	2002-2006	2005-2010
Motor	MAN D 826	MAN D 826	MAN D 826	MAN D 826	MAN D 826	Deutz TCD
Hubraum	6870 cm^3	6870 cm^3	6870 cm^3	6870 cm^3	6870 cm^3	7140 cm^3
Zylinder	6	6	6	6	6	6
Leistung	260/270 PS	170/180 PS	200 PS	240 PS	310 PS	220 PS
Gewicht	8800 kg	8750 kg	8750 kg	8800/10080 kg	8950 kg	10080 kg
L/B/H (mm)	4940/2670/3110	4940/2550/3095	4940/2550/3095	4940/2550/3110	4940/2640/3110	5655/2750/3322
Radstand	2840 mm	2840 mm	2840 mm	2840 mm	2840 mm	3050 mm
Bodenfreiheit	605 mm	605 mm	605 mm	480 mm	510 mm	480 mm
Bereifung	v: 540/65R34 h: 710/70R38	v: 480/70R34 h: 580/70R42	v: 480/70R34 h: 580/70R42	v: 480/70R34 h: 620/70R42	v: 600/65R34 h: 710/70R42	v: 600/70R34 h: 710/75R42
Spurweite	v: 2000 mm h: 1970 mm	v: 2000 mm h: 1970 mm	v: 2000 mm h: 1970 mm	v: 2000 mm h: 1970 mm	v: 2000 mm h: 1970 mm	v: 2100 mm h: 2050 mm

	927	930	933	936	939	942
	2006-2014	seit 2006	seit 2006	seit 2005	seit 2010	seit 2019
Motor	Deutz TCD	Deutz TCD	Deutz TCD	Deutz TCD	Deutz TCD	MAN
Hubraum	7140 cm^3	7140 cm^3	7140 cm^3	7140 cm^3	9037 cm^3	9037 cm^3
Zylinder	6	6	6	6	6	6
Leistung	240 PS	270/296 PS	300/326 PS	330/355 PS	360/385 PS	415 PS
Gewicht	10080 kg	10260 kg	10260 kg	10360 kg	11400 kg	11780 kg
B/H (mm)	2710/3335	2710/3335	2710/3335	2710/3370	2710/3370	2750/3385
Radstand	3050 mm	3050 mm	3150 mm	3150 mm	3150 mm	3150 mm
Bodenfreiheit	510 mm	533 mm	533 mm	578 mm	578 mm	603 mm
Bereifung	v: 600/70R34 h: 710/75R42	v: 600/65R34 h: 710/70R42	v: 600/65R34 h: 710/70R42	v: 600/70R34 h: 710/75R42	v: 600/70R34 h: 710/75R42	v: 650/60R38 h: 750/70R44
Spurweite	v: 2100 mm h: 2000 mm	v: 2100 mm h: 2000 mm	v: 2100 mm h: 2000 mm	v: 2100 mm h: 2000 mm	v: 2100 mm h: 2000 mm	v: 2100 mm h: 2000 m

Manfred Hierhager

Wie bereits am Beginn des Buches ausgeführt, ist der Fendt Favorit 926 Vario der erste Traktor, der mit dem Variogetriebe auf den Markt kommt. 1995 auf der Agritechnica in Hannover vorgestellt, begeistert Vario sogleich die Fachpresse und die potentiellen Käuferinnen und Käufer. 1996 geht der 926 mit dem stufenlosen Getriebe in Serie. Bedient wird das Getriebe mit einem Fahrhebel, der in der rechten Armlehne angebracht ist. Es gibt zwei vorwählbare Bereiche für Vorwärts- und Rückwärtsfahrt und zwei manuell geschaltete Fahrbereiche für Acker und Straße

Zunächst wird der 926 noch mit der typisch eckigen Motorhaube gefertigt. Im Milleniumsjahr 2000 kommt ein neues Design mit abgerundeter Motorhaube. 2003 wird TMS, das Traktor-Management-System eingeführt, bei dem die Traktorelektronik die Steuerung von Motor und Getriebe übernimmt – ein großer Komfortgewinn für den Fahrer: Der gibt nur noch die gewünschte Geschwindigkeit vor, den Rest regelt TMS.

Als Antriebsaggregat für den 926 Vario wählt Fendt den MAN D 0826 LE 531 aus, ein wassergekühlter Viertakt-Sechszylinder-Reihen-Turbomotor mit Direkteinspritzung, 6870 cm³ Hubraum und 260 PS, ab 1999 mit 270 PS. Im Jahr 2001 wird die Maschine zusätzlich mit Kompaktkühlung und der EDC-Motorregelung (Electronic Diesel-Control) ausgestattet.

Die elektrohydraulisch betätigte, lastschaltbare Motorzapfwelle mit Komfortschaltung und Anlaufsteuerung ist zweifach schaltbar. Optio-

Jürgen Laspe

Star der Agritechnica 1995, hier nach getaner Arbeit: Fendt Favorit 926 Vario

Michel Kaiser

Mit schwerem Frontgewicht bei der Feldarbeit: Fendt Favorit 926 Vario

Jonas Liebig

Nachdem ein Feldhäcksler den Anhänger des Fendt Favorit 926 Vario beladen hat …

nal gibt es eine elektrohydraulisch betätigte, lastschaltbare Frontzapfwelle, rechts-und linksdrehend. Die Fendt-Regelhydraulik mit elektrohydraulischer Hubwerksregelung EHR-C verfügt über eine integrierte Selbstdiagnose und Dreipunktaufhängung der Kategorie III mit Schnellkuppler, das Fronthubwerk über eine Dreipunktaufhängung der Kategorie II mit Schnellkuppler, die maximale Hubkraft beträgt 5100 kp.

Die gefederte Sicherheitskabine ist mit Heizung, Iso-Glas, Schalldämpfung, einer Dachluke, Zusatzscheinwerfern und einem Komfortsitz ausgestattet.

Als Zusatzausrüstung werden unter anderen EHR-Fronthydraulik, Frontzapfwelle, Frontgewichte, Radgewichte, Rückfahreinrichtung, Vario-Kamera und Zwillingsbereifung angeboten.

Jonas Liebig

… geht es mit einem weiteren Fendt Favorit 926 Vario und einer Menge Gewicht zum Silowalzen

Manfred Hierhager

Claas und Fendt mit vereinten Kräften bei der Grünfutterernte: Der Feldhäcksler Claas Jaguar 850 mit Pickup PU 300 HD belädt den Claas Ladewagen Quantum 5500 GT, der 34 m^3 Ladevolumen aufweist und von einem Fendt Favorit 926 Vario gezogen wird. Unten ist das Scheibenmähwerk Claas Disco 3200 F Profil bei der Arbeit am Heck eines Fendt Favorit 926 Vario

Manfred Hierhager

Jonas Liebig

Fendt 926 Vario mit der neuen, abgerundeten Motorhaube. Der dreiachsige Joskin Silagewagen hat ein Volumen von etwa 50 m^3. Unten: Der Fendt 926 Vario ist schon mit der transparenten Motorhaube ausgestattet. Mit seinem FAE Forstmulcher im Heckanbau zerkleinert er Bäume, Büsche, Schnittabfälle und Zweighaufen

Jonas Liebig

Bereits 1997, ein Jahr nach der Serieneinführung des Favorit 926 Vario, folgen die Typen Favorit 916 Vario mit 170 PS, Favorit 920 Vario mit 200 PS und Favorit 924 Vario mit 240 PS.

1998 führt Fendt das Variotronic Bedienkonzept in der 900er Vario Baureihe ein, jene einzigartige Elektronikbedienung, die zum ersten Mal alle Funktionen in einem Terminal zusammenfasst: Schlepper-Gerätebedienung, Kamerafunktion sowie Dokumentation und Spurführung. Mittels Joystick werden die Fahrfunktionen stufenlos kontrolliert. Damit und natürlich mit dem überragenden Variogetriebe nimmt Fendt völlig zu Recht die Führungsrolle in der Traktortechnik in Deutschland ein.

Das neue Design mit den abgerundeten Motorhauben wird, wie bereits erwähnt, 2000 bei der 900er Vario Baureihe eingeführt.

2002 wird der 930 Vario mit 310 PS Maximalleistung präsentiert. Bei seiner Markteinführung 2003 ist er der stärkste Fendt, der bis dahin jemals gebaut wurde.

Ab 2003 verfügen die 900er Varios über TMS, das Traktor-Management-System. Sobald man das aktiviert, übernimmt die Traktorelektronik die Steuerung von Motor und Getriebe.

2005 werden auf der Agritechnica der 922 Vario mit 220 PS und der 936 Vario mit 330 PS vorgestellt. Der 936 Vario ist der erste universell einsetzbare Großtraktor im Leistungsbereich bis maximal 360 PS. Mit 16 Tonnen zulässigem Gesamtgewicht zeigt er auf dem Feld eine enorme Zugleistung. Auf der

Michael Schauer

Der Fendt 926 Vario, in typischem Schnorpfeil-Blau lackiert, arbeitet mit schwerem Frontgewicht beim Straßenbau. Schnorpfeil, aus Treis-Karden an der Mosel, ist eines der führenden mittelständischen Bauunternehmen in Deutschland

Günther Uhl

Dieser Fendt 926 Vario arbeitet mit seinem Tandemtank ebenfalls beim Straßenbau

Straße erreicht er 60 km/h. Seinen Superstar würdigt Fendt mit einer exklusiven Designlinie: Der 936 Vario „Black Beauty" wird in den speziellen Lackierungen schwarz, schwarzrot, stahlblau und tannengrün angeboten, der Haubenkopf ist verchromt, der Auspuff aus Edelstahl und es gibt ein Dieselrosslenkrad. Der Clou aber ist die transparente Motorhaube.

Das zahlt sich aus: Der Fendt 936 Vario wird 2007 mit dem renommierten silbernen Designpreis der Bundesrepublik Deutschland ausgezeichnet. In der Begründung heißt es: *„Die neu gestaltete, transparente Motorhaube, die zahlreichen gut durchdachten Beleuchtungselemente und die großzügige transparente Kabine, die ein Gefühl von Offenheit vermittelt, sind die ersten ungewöhnlichen Gestaltungsmerkmale, die beim näheren Betrachten des Traktors Fendt 936 Vario angenehm auffallen. Ergonomische Gesichtspunkte wurden bei der Gestaltung der Kabine ebenso einbezogen wie Überlegungen zum Thema Fahrsicherheit und Fahrkomfort. Das Beispiel Fendt 936 Vario zeigt, dass dieser Großtraktor nicht nur den neuesten technischen Ansprüchen für eine professionelle Landwirtschaft entspricht, sondern formal hohen ästhetischen Ansprüchen im Spitzensegment gerecht wird."*

2006 wird das 900er Programm um die Typen 927 mit 240 PS und 933 mit 300 PS erweitert, die mit dem neuen kraftstoffsparenden Sechszylinder-Deutz-Motor TCD 2013 LO6 4V ausgestattet sind. Diese Motoren verfügen über ein drehzahlunabhängig angesteuertes Common-Rail Hochdruckeinspritzsystem und über die vollelektroni-

Marc Trappe

Der Fendt 916 Vario, noch mit der eckigen Motorhaube, ist mit einem Bergmann Tandemanhänger vorgefahren, um mit Grünfutter beladen zu werden

Marc Trappe

Manfred Hierhager

Auch der Fendt Vario 920 präsentiert sich hier mit der noch eckigen Motorhaube, unten mit der sehr wuchtig wirkenden transparenten Haube. Der Krampe Tridem Wannenkipper Big Body 800 hat eine Nutzlast von 23.000 kg

Christoph Ernst

Marc Trappe

Nicht nur auf dem Stoppelfeld, auch auf der Straße macht der Fendt 920 Vario eine gute Figur

Christoph Ernst

sche Motorregelung EDC 7. Neben dem Motor wird auch das Äußere erneuert: Die Motorhaube ist tailliert, die Beleuchtung neu designt und die Kabine neu entwickelt.

2009 gibt es erneut eine Auszeichnung für Fendt: Die erste vollständig ins Fahrzeugkonzept integrierte Reifendruckregelanlage ab Werk, die Fendt 2009 in der 900er Vario Baureihe einführt, bekommt eine Silbermedaille.

2010 präsentiert Fendt den 939 Vario, der mit 360 PS Nennleistung und 385 PS Maximalleistung jetzt das Spitzenmodell ist. Weil der 922 Vario entfällt, ist der „Kleinste" der 900er Baureihe nun der 924 Vario mit 210 PS Nennleistung und 240 PS Maximalleistung.

Bei der 900er Vario Baureihe wird das neue Variotronic-Terminal eingeführt, das Fendt bereits 2009 erstmals bei der 800er Vario Baureihe vorgestellt hatte. Das Terminal kann, jeweils nach Ausstattungsvariante, mit einem 7" oder einem 10,4" großen Bildschirm geliefert werden.

Ab 2017 sind die Kabinen der 900er Vario Baureihe serienmäßig mit Verbundsicherheitsglas ausgestattet, inklusive serienmäßiger Scheibenheizung. Das Verbundglas dämmt die Geräusche, außerdem splittert es nicht. Auf Wunsch ist die Einfachverglasung weiter verfügbar.

Für den Einsatz in Regionen mit besonders starker Staubentwicklung bietet Fendt als erster Hersteller optional einen selbstreinigenden Luftfilter direkt ab Werk an. Das Filtersystem kombiniert eine kontinuierliche Staubabsaugung mit aktiver Reinigung des Filters in einem 30-sekündigen Reinigungszyklus.

Manfred Hierhager

Manfred Hierhager

Zweimal der Fendt Favorit 924 Vario mit der klassischen Motorhaube, die 2000 durch die abgerundete ersetzt wird. Fendt bietet am Heck serienmäßig eine Zweifachzapfwelle mit Komfortschaltung bei 750/1000 U/min an. Die Sparzapfwelle 540E mit 750 U/min ermöglicht das Arbeiten mit kleineren Geräten

Manfred Hierhager

Fendt 924 Vario mit Allradantrieb und 210 PS bei der Feldarbeit. Im Fahrbereich Acker geht es vorwärts = 0,02 bis 34 km/h, rückwärts = 0,02-20 km/h

Manfred Hierhager

Manfred Hierhager

Das Ausblasen erfolgt während der Fahrt, Standzeiten für die manuelle Filterreinigung entfallen.

2019 kommt ein neues Spitzenmodell in der 900er Vario Baureihe auf den Markt: Der 942 Vario, der maximal 415 PS leistet. Die zahlreichen technischen Highlights, ein umfangreiches Konnektivitätspaket, das relativ niedrige Eigengewicht und das neue Design zeichnen jetzt auch die anderen Typen der 900er Vario Baureihe aus. Mit den Vario Großtraktoren 930, 933, 936, 939 und 942 im Leistungsspektrum von 296 PS bis 415 PS (nach ECE R120) setzt Fendt 2019 erneut Maßstäbe und seine Erfolgsgeschichte fort.

Alle Modelle der neuen 900er Baureihe sind mit einem komplett neu entwickelten und für Fendt konzipierten MAN 6-Zylinder-Motor mit 9 Litern Hubraum und VTG Turbolader mit variabler Turbinen-Geometrie ausgestattet. Das Wechselintervall für das Motoröl M3677 wurde erstmals auf 1.000 h erhöht. In Verbindung mit dem darauf abgestimmten Variogetriebe TA 300 baut sich der Antriebsstrang Fendt VarioDrive auf. Das TA 300 hat einen Fahrbereich und ermöglicht dem Traktor eine Höchstgeschwindigkeit von 60 km/h. Das Revolutionäre an dem Getriebe ist ein variabler Allrad, der durch unabhängig angetriebene Achsen umgesetzt wird. Der Triebsatz arbeitet hydrostatisch mechanisch leistungsverzweigt. Dabei treibt der Dieselmotor den Planetensatz an. Das Hohlrad wiederum versorgt die Hydropumpe mit Antriebsenergie. Die Hydropumpe

Oliver Aust

Hier geht's um Gülle: Fendt 924 Vario mit Tandemwagen von Garant, unten mit dreiachsigem Güllewagen von Kaweco

Jörg Sprengel

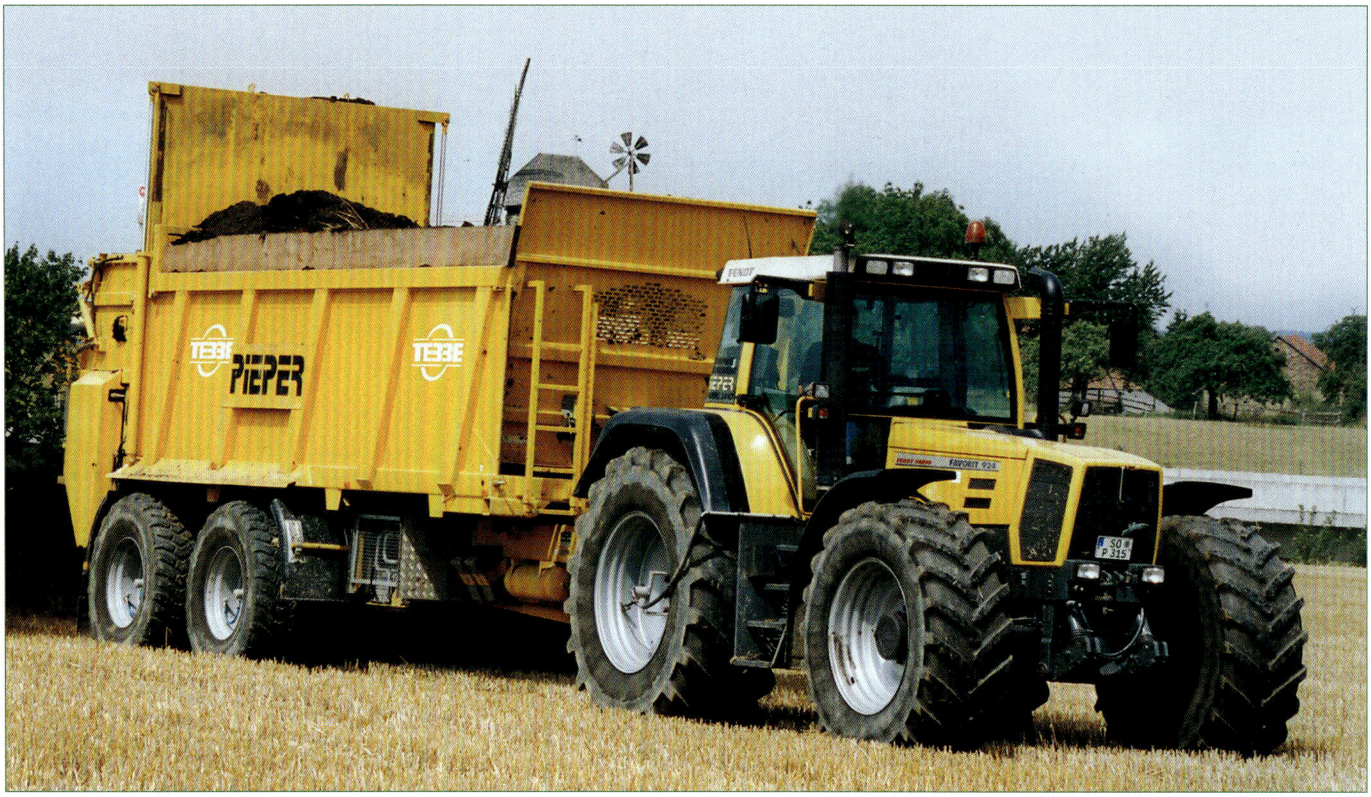

Michael Schauer

„Fehlfarben“: Fendt Favorit 924 Vario als gelbes Gespann, unten, sehr edel, Fendt 924 Vario in schwarzer Lackierung

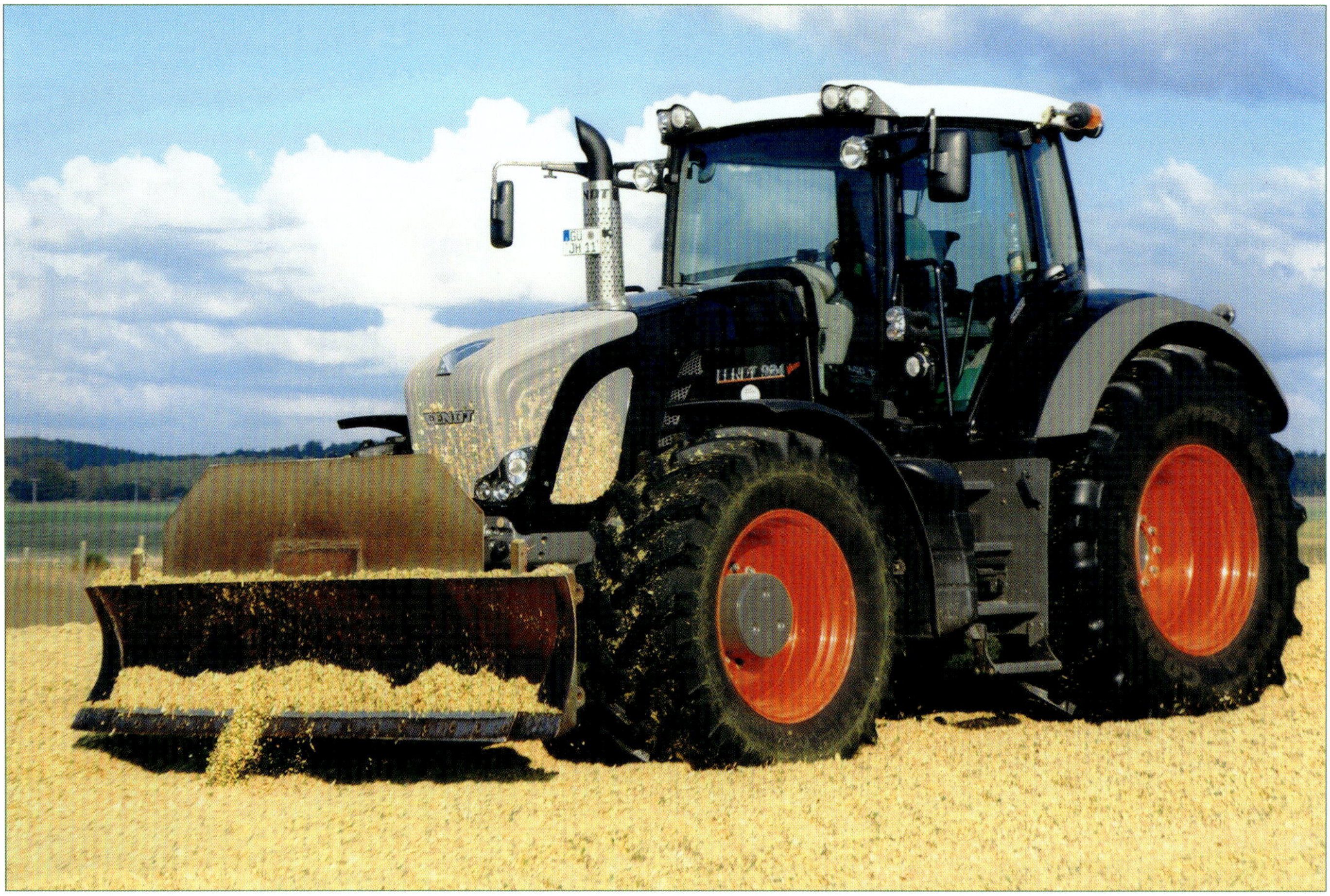

Michael Schauer

speist hingegen zwei Hydromotoren, jeweils einen für die Vorder- und für die Hinterachse. Die Hinterachse wird zusätzlich mechanisch versorgt. Fendt VarioDrive sorgt damit für permanente Zugkraft.

Der Fendt 942 Vario wird zum "Tractor of the Year 2020" gewählt, unter anderem weil der Motor *„hohe Leistung bei niedriger Drehzahl liefert. Auf diese Weise arbeitet der Motor reibungslos bei maximalem Drehmoment und minimalem Verbrauch"*, heißt es in der Begründung der Jury.

Auf Wunsch kann man Fendt Traktoren der Baureihe 900 Vario front- und heckseitig individuell aufrüsten. Es stehen neben der Komfortballastaufnahme zwei Frontkrafthebervarianten zur Verfügung. Durch den abwählbaren Heckkraftheber kann man den Traktor für reine Zugarbeiten konfigurieren. Man bestimmt selbst, welche Anschlüsse und Funktionen in Frage kommen. Bei vollausgestattetem Heck verfügt der Fendt 900 Vario unter anderen über Heckkraftheber, Zapfwelle, hydraulische Seitenabstützung, Anhängekupplung, Zugstange und Isobus. Außerdem steht das komplette Programm modularer Anhängesysteme zur Verfügung. In der Front erhält man optional zu einem Frontkraftheber eine Frontzapfwelle, bis zu zwei Frontventile sowie eine Isobus Steckdose.

Mit der optionalen Rückfahreinrichtung kann man die Einsatzgebiete erweitern. Die pneumatisch unterstützte Dreheinrichtung ermöglicht ein schnelles Drehen des gesamten Fahrerstandes. So findet der Fahrer auch bei Arbeiten mit der Rückfahreinrichtung das gewohnte

Manfred Hierhager

Fendt 924 Vario. Bei den 900er Varios kann man wählen zwischen Permanent-Allrad, Allrad-Automatik, permanent Differentialsperre und Differentialsperren-Automatik

Udo Paulitz

Der 220 PS starke Fendt 922 Vario bietet Sonnenschutz mit getönten Scheiben

Bedienumfeld mit optimaler Sicht auf das Arbeitsgerät im Heck vor.

Die integrierte Frontkamera ermöglicht dem Fahrer einen direkten Blick auf den Frontkraftheber. Das Bild wird dabei direkt auf das Varioterminal übertragen. Der An- und Abbau von Frontgewichten und Frontanbaugeräten wird somit maßgeblich erleichtert. Personen, die sich unmittelbar vor dem Traktor aufhalten, können erkannt und Unfälle dadurch vermieden werden.

Bei VarioGuide, dem zentralen Spurführungssystem, werden die bekannten VarioGuideSpurlinientypen um die zusätzlichen Spurtypen "Kontursegmente" und "Einzelspur" ergänzt. Mit Kontursegmente können verschiedene Spurlinien zur gleichen Zeit verwendet werden. Der Traktor wechselt automatisch auf Grundlage der aktuellen Ausrichtung und Position auf die passende Spurlinie. So kann die Spurführung auch am Vorgewende konsequent eingesetzt werden.

2021 führt Fendt, wie bei den 500er und 900er Vario Baureihen, das Bediensystem FendtONE ein. Vier Ausstattungsvarianten sind jetzt lieferbar: Power, Power+, Profi und Profi+.

Länger als ein viertel Jahrhundert arbeiten die Fendt Vario Großtraktoren inzwischen auf den Feldern der Welt. Und nicht nur dort. Man sieht sie auch im Forst, auf Straßen und Baustellen. Es ist nicht übertrieben zu sagen, der Fendt Vario ist eine Erfolgsgeschichte. Und ein Ende dieser Geschichte ist nicht in Sicht. Alle, die an dieser Geschichte mitgeschrieben haben, können stolz darauf sein.

Tobias Liebig

Fendt 927 Vario mit Tandemkippern unterwegs: Brantner Stabilator (oben), Brantner Power-Tube (Mitte) und MSW Baumaschinen (unten)

Manfred Hierhager

Jörg Sprengel

Jonas Liebig

Fendt 927 Vario mit 240 PS und einem Prinoth Forstmulcher M700 im Heckanbau bei frostigen Temperaturen im Einsatz

Jonas Liebig

Fendt 927 Vario mit Standardbereifung beim Säen. Der HE-VA Front-Packer sorgt für die Rückverfestigung des Bodens vor dem Traktor, so dass ein Einsinken des Traktors und die damit verbundene Spurbildung verhindert werden. Dadurch kann das Folgegerät, die Aufbausämaschine Amazone AD Super mit drei Metern Arbeitsbreite, flacher und leichter arbeiten

Jonas Liebig

Jonas Liebig

Manfred Hierhager

Der 310 PS starke Fendt 930 Vario zieht eine vierreihige Grimme Legemaschine GL 420 Exacta, der Bunker fasst bis zu zwei Tonnen Knollen. Die GL 420 ist eine kurze, kombinierte und getragene Maschine ohne Fahrwerk. Unten arbeitet ein Fendt 930 Vario mit bodenschonender Zwillingsbereifung und einer Amazone Sämaschine

Benjamin Jüngst

Christoph Ernst

Dreimal Fendt 930 Vario mit vollbeladenen Anhängern. Der Fortuna Tandem Abschiebewagen (links) hat ein zul. Gesamtgewicht von 20.000 kg und die Zweiachsmuldenkipper von Hilken (rechts) verfügen über 18.000 kg zul. Gesamtgewicht. Der Fendt 930 Vario (unten) mit edler schwarzer Sonderlackierung wirbelt ordentlich Staub auf, er hat einen Silierwagen Rapide 2000 von Schuitemaker im Schlepp

Christoph Ernst

Michael Schauer

Tobias Liebig

Der Fendt 930 Vario steht im Dienst eines Lohnunternehmens und arbeitet mit einem FAE Forstmulcher

Marc Trappe

Ebenfalls für ein Lohnunternehmen im Dienst ist dieser Fendt 930 Vario, hier mit einem schleppergezogenen Universalzerkleinerer

Manfred Hierhager

„Ganz in Weiß": Fendt 930 Vario mit einem Frontbindemittelstreuer SW 3 FC Streumaster

Christoph Ernst

Für ein Landschaftsbauunternehmen aus dem Hochsauerland ist der Fendt 930 Vario beim Wegebau

Jonas Liebig

326 PS Schlepper Fendt 933 Vario (links) und sein größerer Bruder, der 355 PS Schlepper Fendt 936 Vario, beide mit hinterer Zwillingsbereifung, gemeinsam auf dem Silohügel. Der 933er ist mit kleinem Gewicht auf der Silowalze, der 936er mit ausladendem Frontgewicht ausgestattet. Der Deutz Motor arbeitet mit AdBlue-Zusatz und SCR-Katalysator

Jonas Liebig

Michael Schauer

Mit einklappbarem Frontschieber und Reifendruckregelanlage, mit der der Reifendruck während der Fahrt automatisch an die jeweiligen Erfordernisse angepasst werden kann, präsentiert sich der Fendt 936 Vario auf dem Silohügel. Unten ist noch einmal der 933er mit der hinteren Zwillingsbereifung zu sehen, im Hintergrund ein 260 PS starker Fendt Favorit 926

Jonas Liebig

Fendt 936 Vario: Oben mit Kabinenschutz und Tandemkipper auf einer Baustelle, unten beim Zerkleinern

Manfred Hierhager

Christoph Ernst

Aktueller Fendt 933 Vario der Agravis Technik Gruppe

Günther Uhl

Oliver Aust

Fendt 936 Vario in der Designlinie „Black Beauty“ in schwarzer Lackierung, mit verchromtem Haubenkopf, Edelstahlauspuff und transparenter Motorhaube, davor der Schmalspurschlepper Fendt 208 V

Günther Uhl

Fendt 936 Vario in schwarzer Sonderlackierung mit Grabmeier Frontgewicht, Hinterradgewicht und Kerner Grubber

Frank Juszczak

Fendt 936 Vario mit Spurassistent und Standardbereifung beim Scheibeneggen

Jonas Liebig

Fendt 939 Variomit 385 PS und bodenschonender Sonderbereifung (vorne 710 mm breit, hinten 900 mm) beim Grubbern

Jonas Liebig

Fendt 939 Vario, der 4-balkige Amazone Anhängegrubber Cenius-2TX hat Arbeitsbreiten von vier bis acht Meter

Jonas Liebig

Fendt 936 Vario (oben) und Fendt 939 Vario (unten) mit jeweils dreiachsigen Anhängern. Der Krone Ladewagen ZX 450 GD hat eine Pick-up Breite von 2,1 m, arbeitet mit 46 Messern, das Ladevolumen beträgt 46 m^3. Der Krampe Tridem Wannenkipper hat ein Transportvolumen von etwa 30 m^3 und einen Zugkraftbedarf von 190 PS, der 939er leistet mehr als das Doppelte

Jonas Liebig

Michael Schauer

Zweimal Fendt 936 Vario, ebenfalls mit dreiachsigen Anhängern. Oben der Garant Tridem-Güllewagen, ein Pumptankwagen mit Drehkolbenpumpe. Unten ein Kröger Terraliner Tridem Schwerlast Muldenkipper (Halfpipe), dessen Leergewicht bei 8,9 Tonnen liegt. Das Ladevolumen beträgt ca. 18 m^3, die Nutzlast auf der Straße 22,1 Tonnen, im Gelände 31,1 Tonnen

Jonas Liebig

Günther Uhl

Bei Leonhard Weiss sind die Maschinen gelb lackiert, nicht nur der Fendt 936 Vario, auch der Tandem Tankanhänger und die …

Günther Uhl

… Sobernheimer Baukehrmaschine, die ansonsten in grüner Lackierung geliefert wird

Günther Uhl

Der Fendt 939 Vario ist für Leonhard Weiss beim Wegebau im Einsatz. Die Traktoren sind mit einem Überrollbügel speziell für …

Günther Uhl

… Baustelleneinsätze ausgestattet. Der Bügel ist hydraulisch klappbar zum Transport auf Tiefladern

Agco/Fendt

Die Life Cab des Fendt 900 Vario bietet eine Menge Komfort: Mit der pneumatischen 3Punkt Federung, dem klimatisierten Sitz, den zahlreichen Ablagefächern und dem neuen Infotainment Paket mit 4.1 Soundsystem kann man sich in dieser Kabine schon sehr wohl fühlen. Die Rück- und Weitwinkelspiegel lassen sich bequem elektrisch über das Terminal einstellen. Auch die Spiegelhalter können so bequem ein- und ausgefahren werden

Jonas Liebig

Fendt 939 Vario in der Rückfahrposition: Sämtliche Bedien- und Anzeigenelemente schwenken mit in die Rückfahrposition. Fahrhebelfunktion und Lenkung werden entsprechend der geänderten Fahrtrichtung angepasst. Die Fahrerin oder der Fahrer muss nicht umdenken und fährt rückwärts wie vorwärts mit den Bedien- und Kontrollelementen an der gewohnten Stelle

Günther Uhl

Ungewöhnliches Gespann: Fendt 939 Vario mit einer Bodenstabilisierungsfräse Stehr SFB 24-8. Bei der Bodenstabilisierung mit Kalk oder Zement wird der anstehende Boden an Ort und Stelle in ein hochwertiges, verdichtungsfähiges Material umgewandelt. Es erreicht eine wesentlich dauerhaftere Wasser-, Frost- und Raumbeständigkeit und eine größere Druck-, Zug und Scherfestigkeit

Agco/Fendt

Stärkster der 900er Vario Baureihe ist mit 415 PS der Fendt Vario 942. In den Austattungsvarianten Power, PowerPlus, Profi und ProfiPlus sind unter anderem serienmäßig: Variotronic-Vorgewende-Management-System, elektronische Wegfahrsperre, luftgefederter Superkomfortsitz, integrierte Klimaautomatik, Rückspiegel elektr. + Weitwinkelspiegel, FSC Fendt Stability Control, Einzelradfederung Vorderachse, intelligenter Allradantrieb, elektrohydraulischer Kraftheber EW (EHR), Externbedienung Hydrauliksteuergerät Heck, automatische Anhängekupplung mit Fernbedienung hinten, Sicherheitsschließsystem und vieles andere

FENDT 1000 VARIO

	1038 seit 2016	1042 seit 2016	1046 seit 2016	1050 seit 2016
Motor	MAN D 2676	MAN D 2676	MAN D 2676	MAN D 2676
Hubraum	12.419 cm^3	12.419 cm^3	12.419 cm^3	12.419 cm^3
Zylinder	6	6	6	6
Leistung	396 PS	435 PS	476 PS	517 PS
Gewicht	14.000 kg	14.000 kg	14.000 kg	14.000 kg
L/B/H (mm)	6350/2750/3570	6350/2750/3570	6350/2750/3570	6350/2750/3570
Radstand	3300 mm	3300 mm	3300 mm	3300 mm
Bodenfreiheit	max. 600 mm	max. 600 mm	max. 600 mm	max. 600 mm
Bereifung	v: 650/65R34 h: 710/75R42	v: 650/65R38 h: 750/75R46	v: 650/65R38 h: 750/75R46	v: 650/65R38 h: 750/75R46
Spurweite	v: 2100 mm h: 2000 mm	v: 2100 mm h: 2000 mm	v: 2100 mm h: 2000 mm	v: 2100 mm h: 2000 mm

Manfred Hierhager

Stolz und mächtig streckt sich das Schloss Neuschwanstein oberhalb von Hohenschwangau bei Füssen in den Himmel. Kann es einen passenderen Ort geben, um den Fendt 1000 Vario vorzustellen? Seit seiner Präsentation im Jahr 2014 sorgt dieser Traktor weltweit für Begeisterung, seit September 2016 wird er ausgeliefert. Etwas mehr als die Hälfte der verkauften 1000er Vario läuft außerhalb von Europa. Rund 2000 Exemplare dieser Baureihe wurden bereits in 40 verschiedene Länder ausgeliefert, davon etwa 300 an Kunden in Deutschland.

Der Fendt 1000 Vario ist eine komplette Neuentwicklung. Mit der Leistungsklasse von 396 bis 517 PS ist er als starker Zugschlepper für den Weltmarkt ausgelegt. Er ist weltweit der erste Standardtraktor mit dem umfassenden Niedrigdrehzahlkonzept „Fendt iD". Das sorgt für die perfekte Abstimmung sämtlicher Fahrzeugkomponenten wie Motor, Getriebe, Lüfter und Hydraulik und aller Nebenverbraucher auf ideale Drehzahlen. Außerdem: Erreichen des höchsten Drehmoments bereits bei niedrigen Drehzahlen, niedrigerer Kraftstoffverbrauch, verlängerte Lebensdauer.

Bei der neuen Antriebstechnologie „Fendt VarioDrive" ist der Antrieb von Vorder- und Hinterachse unabhängig, es ist keine manuelle Allradzuschaltung nötig, es wird ein kleinstmöglicher Wendekreis erreicht, das Wechseln der Fahrbereiche entfällt, der Getriebeölwechsel ist nur alle 2.000 Betriebsstunden erforderlich und ein Spezialöl ist nicht notwendig.

Agco/Fendt

Der Fendt 1000 Vario ist mit der neuen Generation der LED-Arbeitsscheinwerfer mit 61.100 Lumen ausgestattet. Im Kabineninneren sind die Bedienelemente hinterleuchtet und dimmen je nach Dunkelheit automatisch ab. Durch die Coming-Home-Funktion leuchten Kabine und Fahrscheinwerfer nach Abstellen des Traktors nach

Tobias Liebig

Agco/Fendt

Kabine der Baureihe Fendt 1000 Vario. Auf dem 12" Terminal an der Armlehne kann beispielsweise die Applikationskarte für den Einsatz mit Fendt Variable Rate Control angezeigt werden. Der Fahrer hat jederzeit alle relevanten Funktionen im Blick.

Tobias Liebig

Der 1000er wird von der deutschen und der internationalen Fachpresse mit Preisen ausgezeichnet. Auf einer Tour durch Europa können Landwirte den Traktor live testen. Er ist vielseitig einsetzbar, für Transportaufgaben (60 km/h) ebenso wie für schwere Zapfwellenarbeiten wie Holzhacken. Das geringe Leergewicht von nur 14 Tonnen prädestiniert ihn aber auch für Arbeiten mit geringem Bodendruck, wie zum Beispiel die Aussaat. Dank des flexiblen Ballastierungskonzepts kann der Traktor bedarfsgerecht mit bis zu 50 Prozent seines Grundgewichtes aufballastiert werden.

Durch die modulare Ausstattung mit/ohne Heckkraftheber oder Heckzapfwelle und eine große Anzahl an Hydraulik-, Anhängungs- und Krafthebervarianten ist er kompatibel mit den gängigen Anbaugeräten.

Konstruktiv ausgelegt ist der Fendt 1000 Vario für schwerste Zugarbeiten, die bisher vor allem Knicklenkern und Raupen- und Systemtraktoren vorbehalten waren. Die stattliche Bereifung, sein intelligenter Ballastierungs- und Reifendruckassistent und der variable Allradantrieb liefern reichlich Grip.

Seit Sepember 2021 ist die 1000er, wie die 500er und 900er Baureihe, auch mit FendtONE erhältlich, dem Bediensystem mit der Verbindung von Maschine und Büro. Der FendtONE Fahrerarbeitsplatz verspricht mehr Funktionalität und Ergonomie. Mit Fendt ONE offboard lassen sich die planenden und verwaltenden Funktionen wie Team-, Maschinen-, Felder- und Auftragsmanagement von überall aus durchführen.

Agco/Fendt

Stärkster der 1000er: Fendt 1050 Vario mit 12,4 l Hubraum, 517 PS und beeindruckender Allradbereifung

Christoph Ernst

Christoph Ernst

Fendt 1050 Vario: Der neue Handbremsassistent aktiviert, in der Automatikstellung, die Handbremse selbstständig, wenn man absteigt oder den Motor abstellt. Im Umkehrschluss deaktiviert der Assistent die Handbremse automatisch beim Losfahren. Bleibt man stehen und nimmt den Fuß vom Bremspedal, steht der Traktor auch an Steigungen sicher

Manfred Hierhager

Agco/Fendt

Fendt 1050 Vario: Beim Säen ist die bodenschonende Zwillingsbereifung von Vorteil. Die Einzelkornsämaschine Fendt Monumentum stellt mit der automatischen Reihenballastierung DeltaForce sicher, dass das Saatgut gleichmäßig in der vorgesehenen Ablagetiefe abgelegt wird. Diese klappbare Sämaschine wurde zu 100 Prozent in Brasilien entwickelt und produziert

Agco/Fendt

FENDT 900 + 1100 VARIO MT

	938	940	943
	seit 2017		
Motor	Agco-Power	Agco-Power	Agco-Power
Hubraum	9800 cm^3	9800 cm^3	9800 cm^3
Zylinder	7	7	7
Leistung	380 PS	405 PS	431 PS
Gewicht	15.169 kg	15.169 kg	15.169 kg
L/B/H (mm)	5992/2667/3515	5992/2667/3515	5992/2667/3515
Radstand	2565 mm	2565 mm	2565 mm
Bodenfreiheit	max. 368 mm	max. 368 mm	max. 368 mm
Antriebsrad	225 mm Gesamtbreite	225 mm Gesamtbreite	225 mm Gesamtbreite
Laufrolle	224 mm Gesamtbreite	224 mm Gesamtbreite	224 mm Gesamtbreite
Spurweite	2032 mm	2032 mm	2032 mm

	1151	1156	1162	1167
	seit 2017			
Motor	MAN	MAN	MAN	MAN
Hubraum	15.200 cm^3	15.200 cm^3	15.200 cm^3	16.200 cm^3
Zylinder	6	6	6	6
Leistung	511 PS	564 PS	618 PS	673 PS
Gewicht	18.805 kg	18.805 kg	18.805 kg	18.805 kg
L/B/H (mm)	6758/2985/3546	6758/2985/3546	6758/2985/3546	6758/2985/3546
Radstand	3000 mm	3000 mm	3000 mm	3000 mm
Bodenfreiheit	max. 359 mm	max. 359 mm	max. 359 mm	max. 359 mm
Antriebsrad	225 mm Gesamtbreite	225 mm Gesamtbreite	225 mm Gesamtbreite	225 mm Gesamtbreite
Laufrolle	224 mm Gesamtbreite	224 mm Gesamtbreite	224 mm Gesamtbreite	224 mm Gesamtbreite
Spurweite	2286 mm	2286 mm	2286 mm	2286 mm

Günther Uhl

Auf der Agritechnica 2017 in Hannover präsentieren 2.802 Aussteller aus 52 Ländern die neueste Technik für professionelle Pflanzenproduktion. Fendt wartet dort mit einer Weltpremiere auf, den neuen Raupentraktoren Fendt 900 Vario MT und Fendt 1100 Vario MT im Leistungsbereich von 380 bis 673 PS. Das sind Zugmaschinen für professionelle Landwirte, die absolut die maximale Leistung benötigen. Mit dem Fendt 1167 Vario MTmit 673 PS hat Fendt die höchste PS-Leistung eines Raupentraktors mit einem stufenlosen Getriebe auf dem Markt. Zusätzlich steigern neue Technologien wie die schwenkbare Zugstange und der schwenkbare Heckkraftheber, das neu entwickelte Federungskonzept Smart Ride+ und die bekannte Fendt Bedienung die Gesamteffizienz.

Die MAN Motoren erfüllen die europäische Abgasnorm Stufe V durch Abgasrückführung, einen Dieseloxidationskatalysator (DOC), einen Dieselpartikelfilter (DPF) und die bekannte SCR-Technologie (Selective Catalytic Reduction). Das Serviceintervall ist auf 500 Stunden ausgeweitet.

Möglichkeiten zur Ballastierung bieten die Raupentraktoren an den Antriebsrädern hinten, dem Leitrad vorne, über Zusatzgewichte an den Seiten des Raupenlaufwerks und an der Front . So kann die Fendt Raupe mit leichter Ballastierung und höheren Geschwindigkeiten im Feld eine große Einzelkornsämaschine ziehen oder mit schwerer Ballastierung und niedriger Geschwindigkeit für die schwere Bodenbearbeitung eingesetzt werden.

Agco/Fendt

In der Fendt 900 Vario MT Kabine ist nun auch der Joystick mit dem 10.4" Terminal verfügbar. Der neue Joystick erweitert die Bedienmöglichkeiten der Fendt 900 Vario MT, sodass Arbeitssequenzen im Vorgewende gespeichert werden können. Außerdem gibt es zwei neue Bedienoptionen für Hydraulikventile, mit denen weitere Hydraulikfunktionen angesteuert werden können

Emanuel Beyer

Agco/Fendt

Die Kabine der Fendt 1100 Vario MT Raupe, rechts die breite Funktionsarmlehne

Wie bei den Radtraktoren ist auch für die Raupentraktoren das Spurführungssystem Fendt Vario Guide erhältlich. Je nach Spurführungssystem und Korrekturdiensten kann die Raupe mit Vario Guide von 20 cm bis 2 cm genau arbeiten.

Die Fendt Kabine bietet reichlich Platz, gute Sichtverhältnisse und Bedienkomfort in gewohnter Fendt Manier. Maschinenparameter können bequem über das Varioterminal 10.4" mit großem Touchscreen gesteuert und überwacht werden. Die Maschinenbedienung erfolgt ergonomisch über die bekannte Fendt Multifunktionsarmlehne mit dem integrierten Fendt Multifunktionsjoystick.

Agco/Fendt

Agco/Fendt

Fendt Raupe bei schwerer Feldarbeit. Zum Vergleich: Oben arbeitet die Fendt 900 Vario MT, unten die Fendt 1100 Vario MT. Gut zu unterscheiden sind die zwei an der Breite der Motorhaube

Agco/Fendt

FENDT e100 VARIO

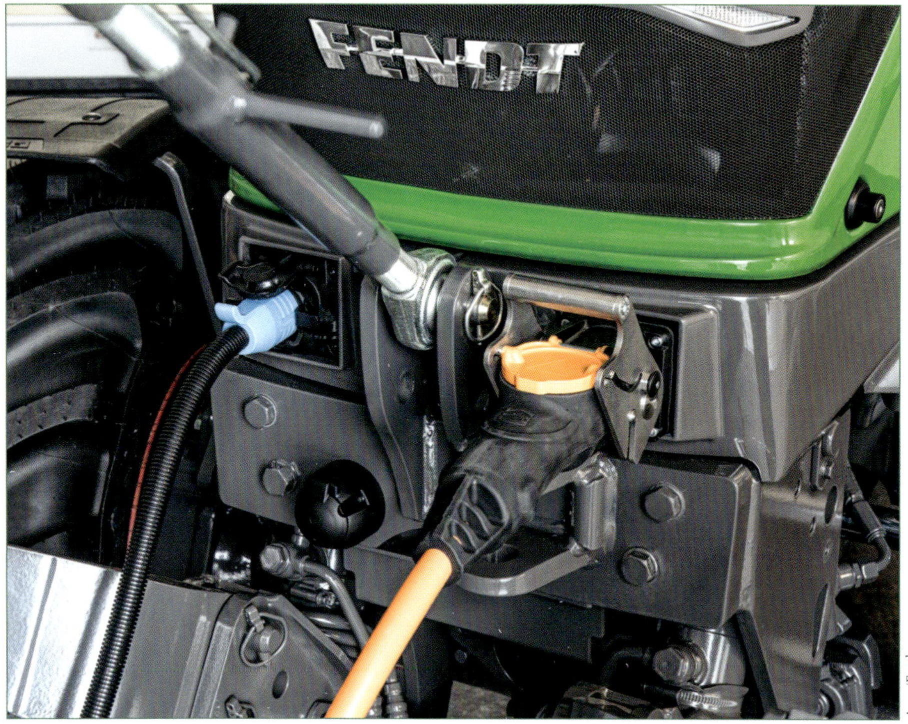

Der Akku kann über ein Typ-2-Kabel mit bis zu 22 kW aufgeladen werden oder per DC-Schnellladung mit CCS. Unten: Der Fendt e100 Vario wird bei schwerer Feldarbeit getestet, dazu steht ihm eine Antriebsleistung von 50 kW zur Verfügung

Auf der Fendt Pressekonferenz zur Agritechnica 2017 stellt Fendt die erste Version des Fendt e100 Vario vor. Zur Agritechnica 2019 wird die Weiterentwicklung präsentiert. 2024 soll der batterieelektrische Kompakttraktor in die Serienproduktion gehen. Das wird von Christoph Gröblinghoff, dem Fendt Chef, bestätigt. Die Produktion des e100 soll in Marktoberdorf stattfinden.

In den letzten drei Jahren wurden mögliche Einsatzgebiete des Fendt e100 Vario weiter untersucht und spezifische Anforderungsprofile erstellt. Daher durchlief der Fendt e100 Vario zahlreiche Praxistests mit verschiedenen Anforderungen und Aufgabenspektren: Von landwirtschaftlichen Anwendungen, bis hin zu kommunalen Einsätzen inklusive Winterdienst.

Auf landwirtschaftlichen Betrieben und im Kommunalbereich haben sich DC-Schnellladesteckdosen (Supercharger) bisher noch nicht durchgesetzt. Daher wird der Fendt e100 Vario nun anstelle einer CCS-Steckdose mit einer Typ 2 Ladesteckdose ausgerüstet. Zusätzlich wird der Traktor mit einem Ladekabel für 400 V Steckdosen mit bis zu 32 A, was in etwa 22 kW Ladeleistung entspricht, ausgestattet. Somit kann die Batterie innerhalb von fünf Stunden vollständig aufgeladen werden. Die DC-Schnellladefunktion soll weiterhin verfügbar sein.

Der hohe Wirkungsgrad des batterieelektrischen Antriebs trägt dazu bei, Ressourcen optimal auszunutzen. Das volle Zapfwellendrehmoment steht beim Fendt e100 Vario bereits im Stand zur Verfügung.

Agco/Fendt

Auch im Kommunalbereich soll der Fendt e100 Vario eine Rolle spielen, so wie hier beim Test mit Front- und Heckanbau. Die Batterie kann als kurzzeitige Boost-Leistung bis zu 150 kW für die Geräteantriebe freigeben. Ebenso verfügt der e100 Vario über einen Standard-Zapfwellenanschluss und eine Hydraulikversorgung für Anbaugeräte

Agco/Fendt

Weitere Bücher unseres Verlages – eine Auswahl

374 Seiten, 850 Bilder, 28 x 21 cm
Festeinband, ISBN 9783861339403
EUR 49,90 Bestellnummer **940**

360 Seiten, 800 Bilder, 28 x 21 cm
Festeinband, ISBN 9783861339830
EUR 49,90 Bestellnummer **983**

160 Seiten, 480 Bilder, 28 x 21 cm
Festeinband, ISBN 9783861339649
EUR 29,90 Bestellnummer **964**

180 Seiten, 600 Bilder, 28 x 21 cm
Festeinband, ISBN 9783861339922
EUR 29,90 Bestellnummer **992**

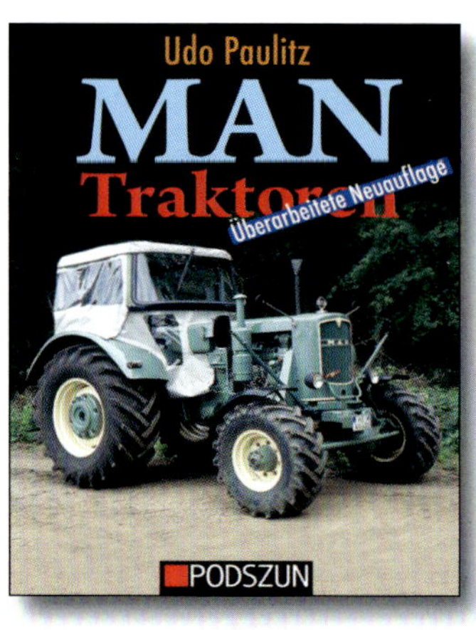

158 Seiten, 390 Bilder, 28 x 21 cm
Festeinband, ISBN 9783861334736
EUR 29,90 Bestellnummer **473**

240 Seiten, 600 Bilder, 28 x 21 cm
Festeinband, ISBN 9783751610292
EUR 39,90 Bestellnummer **1029**

180 Seiten, 550 Bilder, 28 x 21 cm
Festeinband, ISBN 9783861339083
EUR 29,90 Bestellnummer **908**

170 Seiten, 420 Bilder, 28 x 21 cm
Festeinband, ISBN 9783861338086
EUR 29,90 Bestellnummer **808**

156 Seiten, 390 Bilder, 28 x 21 cm
Festeinband, ISBN 9783861337096
EUR 29,90 Bestellnummer **709**

224 Seiten, 600 Bilder, 28 x 21 cm
Festeinband, ISBN 9783751610315
EUR 39,90 Bestellnummer **1031**

180 Seiten, 580 Bilder, 28 x 21 cm
Festeinband, ISBN 9783861338987
EUR 29,90 Bestellnummer **898**

180 Seiten, 600 Bilder, 28 x 21 cm
Festeinband, ISBN 9783861338994
EUR 29,90 Bestellnummer **899**